高职高专建筑装饰工程技术专业规划教材

建筑工程概论

孟春芳　主　编
艾学明　副主编

中国建材工业出版社

北　京

图书在版编目(CIP)数据

建筑工程概论/孟春芳主编 . —北京:中国建材
工业出版社,2013.8(2024.9 重印)
高职高专建筑装饰工程技术专业规划教材
ISBN 978-7-5160-0488-3

Ⅰ.①建… Ⅱ.①孟… Ⅲ.①建筑工程—概论—高等
职业教育—教材 Ⅳ.①TU

中国版本图书馆 CIP 数据核字(2013)第 148519 号

内 容 简 介

本书分为 4 个项目编写。项目 1"理解建筑"主要讲述建筑概念的含义、建筑的分类等级划分等;项目 2"考察建筑组成"主要讲述建筑的构造组成:基础、墙体、楼地层、楼梯与电梯、屋顶、门窗等;项目 3"理解建筑空间与建筑设计"主要讲述建筑空间的形成、设计依据以及建筑平、立、剖设计的主要内容等;项目 4"理解建筑与结构"主要讲述建筑与结构之间的关系以及各种结构形式的建筑。

本书突出的特色是针对高职高专人才职业技能的要求,按照项目教学法,采用任务驱动的方式进行编写。即每个项目由若干任务组成,让学生在完成任务的过程中学习相应的知识与技能,同时还设置了任务实施、任务评价、思考与练习等环节,便于学生学习操作和消化理解。

本书适合作为高职高专建筑装饰工程技术、建筑设计、室内设计、建筑动画等相关专业教材,也可以作为其他从事建筑行业人员的入门学习参考书。

本书有配套课件,读者可登录我社网站免费下载。

建筑工程概论
JIANZHU GONGCHENG GAILUN
孟春芳 主 编
艾学明 副主编

出版发行 中国建材工业出版社
地 址:北京市西城区白纸坊东街 2 号院 6 号楼
邮 编:100054
经 销:全国各地新华书店
印 刷:北京印刷集团有限责任公司
开 本:787mm×1092mm 1/16
印 张:15.5
字 数:382 千字
版 次:2013 年 8 月第 1 版
印 次:2024 年 9 月第 4 次
定 价:55.00 元

前　言

本书根据高职高专建筑装饰工程技术专业培养目标的要求编写,目的是让学生对建筑有一个基本认知和理解,为后续专业课的学习奠定必要的专业基础。

本书按照项目教学法,采用任务驱动方式进行编写。全书分为理解建筑、考察建筑组成、理解建筑空间与建筑设计、理解建筑与结构四个项目。每个项目由若干任务组成,每个任务后是要完成任务相对应的知识与技能、任务实施、任务评价及思考与练习。通过这些环节的设置,以达到学生对所学内容消化理解的目的。同时,在"知识与技能"部分中配备了大量的图片和表格,便于初学者理解。在学习的过程中,对于"知识与技能"中出现的部分图表和文字,根据自身需要,可以作为了解和拓宽的内容对待。

本书由江苏建筑职业技术学院孟春芳担任主编并负责全书的统稿工作,艾学明担任副主编。其中,项目1、项目3和项目4由孟春芳编写,项目2由孟春芳和艾学明共同编写。

本书适合作为高职高专建筑装饰工程技术、建筑设计、室内设计、建筑动画等相关专业教材,也可以作为其他从事建筑行业人员的入门学习参考书。

由于作者水平有限,书中难免存在缺点和不足,恳请各位专家、老师和同学批评指正。

编　者

2013 年 6 月

目　　录

项目 1　理解建筑

任务　中外著名经典建筑赏析

🔍 任务目标

理解建筑的含义。

📖 任务要求

对中外经典建筑图片展示,并进行功能、材料、造型特征及印象美描述。

⊞ 知识与技能

1.1　建筑的定义

我国语言文字中,"建筑"是个复合式合成词。在词义上,是个动词,具有营造、营建、建造等内涵,此时建筑表示建造房屋和从事其他土木工程的活动,但当接近英文中"建筑"单词Building 时,又是名词,是指营造活动的成果,是工程形态的房屋或建筑物。而当接近建筑的另一个英文单词 Architecture 时,虽然也是名词,但强调的不再是一般意义上的建筑物 Building或房子,而是指有价值功能的文化或艺术形式。此时,建筑是指某个时期、某种风格建筑物及其所体现的技术与艺术的总称,如哥特式建筑、古典主义建筑、隋唐五代建筑、明清建筑及现代建筑等。

1.1.1　建筑的概念

1. 建筑是空间

空间是相对实体出现的概念。凡是实体以外的部分都可以看做空间。空间本身是无形的,只可感受而不可触摸。

在大自然中,空间是无限的。而从人们日常行为心理出发,人人都向往独立的自由空间,都希望"我的地盘我做主",都想拥有空间的安全感和满足感。自然空间的无限广阔注定无法满足人对空间的安全感和满足感。于是,人们采用各种手段通过对空间的限定来获得安全和满足。如下雨时,一把雨伞下的空间为人们在雨天行走带来了方便;郊游时,在草地上铺上一块地毯,让人感到了自己小天地的自由;出行中,街道两旁的行道树分隔形成的空间为车流、人流的安全提供了必要的保证;冬日里,一堵墙的出现形成的向阳和背阴空间带给人们不同的心理感受等(图 1-1)。利用雨伞、地毯、树、墙等实体建立起来的空间给人以一种心理上的安全和满足,而建筑也正是通过可以眼见和触摸的实体墙、屋顶、门窗、楼板等为我们人类的各种活动提供了场所空间。对于人类而言,建筑真正有价值意义的正是通过各种物质材料而形成的"空间"部分,而建筑中的墙、屋顶、门窗、楼板等实体部分只是达到建筑目的的手段。

图 1-1　人与空间

2. 建筑是空间环境

建筑的目的就是为人提供良好的活动空间环境,使人们能够舒适方便地生活、学习、工作及活动等。从建筑的产生和发展历史来说,无论是原始社会的穴居和巢居(图 1-2 和图 1-3),还是各朝各代、世界各国或地区的风格建筑,甚至演化到今天各式各样的现代建筑,虽然建筑的外观变化了,建筑使用的材料改变了,但从建筑本质意义讲,建筑就是人们根据物质生活和精神生活的要求,为满足不同的社会活动需要而人工建造的空间环境。

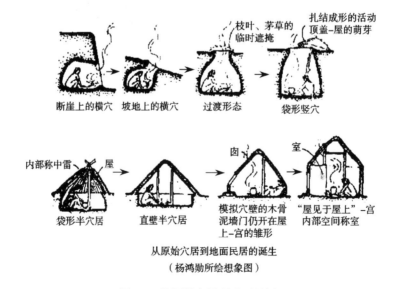

从原始穴居到地面民居的诞生

(杨鸿勋所绘想象图)

图 1-2　从原始穴居到地面民居

从原始巢居到干阑式民居的诞生
（杨鸿勋所绘想象图）

图1-3　从原始巢居到干阑式民居

3. 建筑是艺术

艺术来源于生活。在建筑漫长的发展过程中，人类在满足自我精神的同时，也养成了一定审美习惯而形成建筑艺术。

建筑本身的实用性、空间性和庞大的体量性，决定了建筑艺术不同于其他艺术形式如雕塑、绘画、电影、文学、摄影等。建筑艺术是蕴涵于整个空间与环境中的，建筑的艺术感染力往往是由建筑空间环境的总体构成来传递的。建筑的空间、形体、尺度、比例、色彩、质感、环境等多种要素复合共同作用，往往会形成诸如庄严、雄伟、明朗、优雅、神秘、沉闷、恐怖、亲切、宁静等不同的艺术效果。从埃及金字塔到印度泰姬陵，从悉尼歌剧院到北京天安门，从流水别墅到江南民居……不同的历史时期、不同的文化背景下的许多建筑作品，都给人们留下了强烈的艺术感染力（图1-4～图1-11）。

图1-4　埃及金字塔

图1-5　印度泰姬陵

图1-6　悉尼歌剧院

图1-7　北京天安门

图1-8　流水别墅

图1-9　江南民居

图1-10　巴黎圣母院

图1-11　马来西亚双子塔

同时,建筑与其他艺术形式又有相通且紧密相关之处。如在表现性和抽象性方面,建筑类似音乐,因此曾有"建筑是凝固的音乐"的诠释;在视觉层面上建筑又与绘画、雕塑相关联,属于造型艺术,又是时空艺术……而古今中外,许多著名的建筑往往又是其他艺术形式荟萃的载体,反映人类许多精神文明的其他艺术形式成果渗透其中,如雕刻、雕塑、工艺美术、绘画、文学、摄影等都是作为建筑空间内的可见形象,成为建筑空间与建筑环境的重要组成部分。如我国四大名楼之一的岳阳楼因为范仲淹的"先天下之忧而忧,后天下之乐而乐"文学名句而名扬天下(图1-12)。山西乔家大院的建筑在为电影《大红灯笼高高挂》提供场景的同时,却也因为这个电影的场景而闻名全国(图1-13)……

总之,建筑既是功能适用的空间艺术,又是各具个性的造型艺术;既是以人为本的环境艺术,又是内涵丰富的综合艺术……

图1-12　岳阳楼

图1-13　乔家大院

1.1.2　建筑的基本要素

从建筑发展的历史来看,由于时代、地域、民族的不同,建筑的形式和风格总是异彩纷呈。然而,从构成建筑的基本内容来看,不论是简陋的原始建筑,还是现代化的摩天大楼,都离不开建筑功能、建筑物质技术条件和建筑形象这三个基本要素。

1. 建筑功能

建筑功能就是人们对建筑提出的具体使用要求。一幢建筑是否适用,存在的是否有价值意义,首先就要考虑它能否满足一定的建筑功能要求。

对于各种不同类型的建筑,建筑功能既有个性又有共性。建筑功能的个性,表现为建筑的不同性格特征;而建筑功能的共性,就是各类建筑需要共同满足的基本功能要求(如人体生理条件、人体活动尺度等对建筑的要求)。不同的功能要求产生不同的建筑类型,如满足居住要求的住宅、宿舍,满足教师教学和学生学习的教学楼,满足体育比赛的体育场馆,满足人们观看演出需要的影剧院建筑,不同的建筑类型又有不同的建筑特点,如住宅的小空间和体育场馆的大空间的明显不同,宿舍小窗户与教学楼的大窗户等。

建筑功能既是我们建筑的目的,也是推动建筑发展的一个主导因素。随着社会生产和生活的发展,人们必然会对建筑提出新的功能要求,从而促进新型建筑的产生,建筑功能的要求是随社会生产和生活的发展而发展的。

2. 建筑物质技术

建筑物质技术,包括材料、结构、设备和施工技术等方面的内容,它是构成建筑空间、保证空间环境质量、实现建筑功能要求的基本手段。如钢筋和水泥的出现促进了高层框架结构和大跨度空间结构的发展,使近现代建筑发展成为可能;而电梯的应用则解决了高层建筑的垂直交通问题,使几十层乃至上百层的摩天大楼变为现实。

建筑物质技术是随社会生产水平和科学技术水平的提高而提高的,建筑物质技术的进步必将带来建筑的改观。随着社会生产水平和科学技术的进步,各种新材料、新设备、新结构和新工艺相继出现,为新的建筑功能的实现和新的建筑空间形式的创造,提供了技术上的可能。近代大跨度建筑和超高层建筑的发展,就是建筑物质技术条件推动建筑发展的有力例证。

3. 建筑形象

建筑形象是指根据建筑功能的要求,通过体量的组合和物质技术条件的运用而形成的建筑内外观感。

构成建筑形象的因素,包括建筑群体和单体的体形、内部和外部的空间组合、立面构图、细部处理、材料的质感、色彩以及光影变化等。这些因素处理得当,便会产生良好的艺术效果,不仅在视觉上给人以美的享受,而且在精神上具有强烈的感染力,并使人产生愉悦的心情。因此,建筑形象既反映了建筑的内容,又体现了人们的生活和时代对建筑提出的审美要求。优秀的建筑设计,其建筑形象常常能反映时代的生产水平、文化传统、民族风格和社会精神面貌,表现出某种建筑的性格和内容。

在上述三个基本构成要素中,建筑功能是建筑的目的,建筑技术是实现建筑目的的手段,而建筑形象则是建筑功能、建筑技术和审美要求的综合表现。三者之中,功能常常是主导的,对技术和建筑形象起决定作用;建筑技术是建筑的手段,对建筑功能和形象既具有促进作用也具有制约作用;建筑形象虽然是建筑物质技术条件和功能的反映,但具有一定的灵活性,是千变万化的,在同样的条件下,有同样的功能,采用同样的技术,也可创造出不同的建筑形象,取得迥然不同的艺术效果,达到不同的审美要求。优秀的建筑作品应实现三者的辩证统一。

此外,与建筑三要素相关的是建筑中适用、经济、美观之间的关系问题。适用是首位的,既不能片面地强调经济而忽视适用,也不能片面地强调适用而不顾经济上的可能。所谓经济不仅是指建筑造价,而且还要考虑经常性的维护费用和一定时期内投资回收的综合经济效益。至于美观,也是衡量建筑质量的标准之一,不仅表现在单体建筑中,而且还应该体现在整体环境中。正确处理这三者之间的关系,就要求在建筑设计中既反对盲目追求高标准,又反对片面降低质量、建筑形象千篇一律、缺乏创新的不良倾向。

1.1.3 建筑的性质和特点

从建筑的形成和发展过程中,可以看出建筑具有如下的性质和特点:

1. 建筑受自然条件的制约

建筑是人类与自然斗争的产物,它的形成和发展,无不受到自然条件的制约。自然条件对建筑布局、建筑形式、建筑结构、建筑材料等方面都有重大影响。尤其在技术尚不发达的古代这种限制更为明显。于是,人类一开始建筑活动,就尽可能地适应自然条件,就近利用天然建筑材料,因地制宜地创造最合理的建筑形式。这样,在不同地区,由于盛产材料的不同就形成了不同的结构体系。如古希腊由于当地石料丰富,创造了石梁柱结构体系,形成灿烂的古希腊建筑文化;东亚、南亚地区盛产木材,因而就形成了以我国木构架建筑为代表的东方木构建筑;而在两河流域的巴比伦和亚述地区,由于当地富有黏土,导致砖结构的发展,就形成了砖拱券结构的建筑等。由于不同地方气候的差异,为使建筑能适应当地人们的需要,也导致了建筑风貌呈现出强烈的地方特色。如寒冷地区的建筑厚重封闭;炎热地区的建筑轻巧通透;在温暖多雨的地区,常使建筑底层架空(干阑式建筑);而黄土高原则多筑生土窑洞等(图 1-14 ~ 图 1-17)。

图1-14　古希腊石梁柱

图1-15　巴比伦砖拱券建筑

图1-16　底层架空的干阑式建筑

图1-17　生土窑洞

在科技发达的近代,虽然可以采用机械设备和人工材料来克服自然条件对建筑的种种限制,但是协调人—建筑—自然之间的关系,尽量利用自然条件的有利方面,避开不利方面,仍然是建筑创作的重要原则。

2. 建筑受社会的影响

建筑作为一项人造的物质产品,不仅为社会中的人们服务,更由社会中的人们建造。因而,建筑和社会有着密切的关系。建筑会受到社会生产力和生产关系的变化的影响,受到不同时代、不同国家或地区的政治、文化、宗教、生活习惯等变化的影响。人们的经济基础、思想意识、文化传统、风尚习俗、审美观念等都影响着建筑。

如北京故宫作为中国封建社会宫殿建筑的代表性之一,在利用建筑群来烘托皇帝的崇高与神圣方面,达到了登峰造极的地步。一进进院落、一座座厅堂都围绕着一条明确的南北向中轴线进行布局,形成大大小小的若干院落。不同形制的屋顶高低错落,华贵的金黄色琉璃瓦在沉实的暗红色墙面和纯净的白色石台石栏的衬托下闪闪发光,加上高高的台基、四周高高的宫墙……处处无不彰显着作为封建社会最高统治中心的豪华尊贵、庄严宏伟、壁垒森严、等级分明。其中,作为故宫核心的太和殿是形制最高的建筑,不仅间数最大为11间,屋顶为重檐庑殿顶,且台阶上的雕刻图案为龙凤纹样。故宫代表着中国传统建筑的最高艺术成就。其宏大的建筑规模和严谨整饬的空间群体组合方式,均源于"非壮丽无以重威"的帝王权威思想和追求人道与天道统一的哲学思想。它生动地反映出社会的阶级关系和政治秩序,君臣父子的清规戒律及伦理关系。同时,建筑绝大多数采用天然材料,沿用了几千年的木构架结构形式没有多大变化,也说明了中国封建时期生产力发展的缓慢及对建筑的限制(图1-18)。

现代建筑的产生和发展,则是由于社会生产力的发展和技术的发展到一定时候的产物。如美国芝加哥希尔斯大厦,是美国近现代资本主义社会的超高层建筑。高443m,共110层,是美国最高的塔式摩天楼。建筑使用了钢材、玻璃、混凝土等多种现代建筑材料,采用了先进的束筒结构体系,并使用了当时各种最先进的电气设备。大厦中安装了102部电梯解决垂直交通问题。该大厦的建成充分体现了现代资本主义国家或地区高度发达的技术、经济现状,是一种综合实力的体现(图1-19)。

图1-18 故宫

图1-19 美国芝加哥希尔斯大厦

在体现建筑的社会思想意识方面,一些纪念性建筑和宗教建筑是很好的载体,它们集中地表现出当时社会的思想意识特点,记载着建造者对某些重大事件、重要人物的评价和态度。如罗马凯旋门,外形方整厚重,高大的女儿墙上是一组奔驰的战车,以此来炫耀帝国的强大(图1-20)。而不同宗教的意识形态,更给世界各地区、各民族的建筑都带来较大的影响。宗教建筑力图通过符合教义的建筑形象来表现宗教意识,统治人们的思想。如哥特式大教堂高耸升腾的空间态势、神秘的光影变化,充分表现出社会宗教力量在当时社会生活中至高无尚的地位(图1-21)。

回顾建筑的发展,不难看出,原始社会的建筑仅是解决"住"的问题,而阶级社会的建筑则已经超出"住"的范围,出现庙宇、宫殿、陵墓等建筑。随着社会发展,建筑已超出一般"居住"的范围,变得更加丰富多彩。建筑承载着历史和文化——作为人们从事各种活动的功能载体,社会的许多文化现象都发生其中。就建筑的自身物质性而言,不同时代与地区的建筑都是时代科技成果的结晶,反映出当时最先进的科技发展水平,具体表现在建筑材料、建筑结构、建筑技术、建筑设备等方面,构成了时代文明的缩影;而建筑物所体现出的象征、隐喻、神韵等内涵,作为建筑之魂却都与人们的社会生活密切相关,与人们的精神境界紧密联系。建筑在作为一种艺术存在的同时,更是社会文化的载体,铭刻历史,具有历史性和时代性。

图 1-20　罗马凯旋门

图 1-21　哥特式大教堂

3. 建筑是技术与艺术的综合

建筑的英文单词 Architecture，是"巨大"的"工艺"两层意思的综合，即"巨大的工艺"，强调了建筑的技术性和艺术性。建筑作为一项庞大的工程，需要大量的物力、人力、财力才能实现。一幢大楼要用成百上千吨的钢材、砖、水泥、砂子、铝合金、木材、油漆等多种建材，还要几百、几千人同时施工，耗费一年甚至几年的时间，同时还需要结构、给排水、暖通、供电等多个工种的配合等。它不但体量庞大、耗资巨大，而且一经建成，就立地生根，成为人们劳动、生活的经常活动场所。而人们对于自己生活的环境总是希望能得到美的享受和艺术的感染力。因此，建筑在作为实用对象为人们服务的同时，又是人们的审美对象。建筑既是一种特殊的物质产品，又是一项建筑艺术创作。

就建筑的工程技术性质而言，建筑师总是在建筑技术所提供的可行性条件下进行艺术创作的。技术上的可能性和技术经济的合理性为建筑的艺术创作成为一种可能。例如，埃及金字塔的艺术效果，如果没有几何知识、测量知识和运输巨石的技术手段是无法达到的。而现代科学技术的发展，新的建筑材料、施工机械以及结构技术、设备技术的进步，使现代建筑可以向地下、高空、海洋发展，使研究建筑的形式美的规律与特征及建筑美学理论，空间和实体所构成的艺术形象，包括建筑的构图、比例、尺度、色彩、质感和空间感，以及建筑的装饰、绘画、花纹和雕刻以至庭院、家具陈设等成为可能，更为建筑艺术的创作带来了更大的灵活性。所以说建筑是技术与艺术相结合的产物。

建筑大师赖特说："建筑是用结构来表达思想科学性的艺术"。在这里建筑不仅被定义为一种艺术形式，更强调是受科学技术因素所制约的艺术。建筑不完全是个艺术对象，但建筑无疑具有艺术性。建筑的艺术性与其他造型艺术具有共同的形式美法则。但建筑艺术又不同于其他艺术，不能脱离空间上的实用性，也不能超越技术上的可行性和经济上的合理性，建筑艺术性总是寓于建筑技术性之中。正如建筑大师奈尔维在《建筑的技术与艺术》一书开篇讲到的那样："一个技术上完善的作品，有可能在艺术上效果甚差，但是，无论是古代还是现代，却

9

没有一个美学观点上公认的杰出建筑而技术上却不是一个优秀作品的。"可见,技术对于建筑艺术效果上实现的重要性。

总之,建筑是为了满足人类社会活动的需要,利用物质技术条件,按照科学法则和审美要求,通过对空间的塑造、组织与完善所形成的物质环境。这个环境是人造的、由实物所限定的、而又为人活动服务的空间。

建筑又有广义与狭义之分。广义的建筑 = 建筑物 + 构筑物;狭义的建筑 = 建筑物。

建筑物和构筑物的区别在于:建筑物不但有较完整的围护结构,审美要求也较高,人们可以在其中进行各类活动,如住宅、学校、办公楼、影剧院等,人们习惯上把建筑物常常称之为房屋;相对于建筑物来讲,构筑物是指围护结构不完整,且人们一般不在其中进行活动的建筑,如桥梁、堤坝、城墙、水塔、烟囱、蓄水池等。有的建筑,虽然没有完整的围护结构,但审美要求高,也可称为建筑物,如纪念碑等。

1.2 建筑分类和等级划分

建筑万千,林林总总。为了方便针对不同的建筑进行认知和相应的设计,以满足不同需要,我们常常从不同角度对建筑进行分类和等级划分。

1.2.1 建筑的分类

1. 按照使用功能划分

(1)生产性建筑

生产性建筑是供生产服务用的建筑。

工业建筑:指为工业生产服务的生产车间及为生产服务的辅助车间、动力用房、仓储等。

农业建筑:指供农(牧)业生产和加工用的建筑,如种子库、温室、畜禽饲养场、农副产品加工厂、农机修理厂(站)等。

(2)民用建筑

民用建筑指供人们工作、学习、生活、居住用的建筑物。

居住建筑:供人们居住、生活的建筑,如住宅、宿舍、公寓等。

公共建筑:供人们进行各种公共活动的建筑,按性质不同又可分为15类之多。

①文教建筑;②托幼建筑;③医疗卫生建筑;④观演性建筑;⑤体育建筑;⑥展览建筑;⑦旅馆建筑;⑧商业建筑;⑨电信、广播电视建筑;⑩交通建筑;⑪行政办公建筑;⑫金融建筑;⑬餐饮建筑;⑭园林建筑;⑮纪念建筑。

2. 按建筑规模和数量划分

(1)大量性建筑

大量性建筑指建筑规模不大,但修建数量多,与人们生活密切相关的分布面广的建筑,如住宅、中小学教学楼、医院、中小型影剧院、中小型工厂等。

(2)大型性建筑

大型性建筑指规模大、耗资多的建筑,如大型体育馆、大型剧院、航空港站、博览馆、大型工厂等。与大量性建筑相比,其修建数量是很有限的,这类建筑在一个国家或一个地区具有代表性,对城市面貌的影响也较大。

3. 按照地上层数或高度划分(《民用建筑设计通则》GB 50352—2005)

居住建筑:低层(1~3层)、多层(4~6层)、中高层(7~9层)、高层(≥10层)、超高层(超过100m)。

公共建筑:高层(超过24m,但不包括总高度超过24m的单层主体建筑)、超高层(超过100m)。

4. 按照承重方式划分

砖混结构、框架、框剪、剪力墙、简体、大跨(排架、刚架)等。

5. 按照承重材料划分

砌体结构、钢筋混凝土结构、钢结构、木结构等。

6. 按照文化背景不同划分

目前,中国建筑、欧洲建筑、伊斯兰建筑被认为是世界三大建筑体系。

1.2.2 建筑等级划分

1. 建筑物的工程等级

在建筑设计过程中,往往会针对建筑物的工程等级以复杂程度来进行相应的规范设计。根据建筑设计院的资质等级(甲级、乙级、丙级)来确定设计建筑物的工程等级范围。资质等级越高,能够设计的工程等级范围就越大。建筑物的工程等级以复杂程度来划分如表1-1所示。

表1-1 民用建筑工程设计等级分类表

工程等级	工程主要特征	工程范围举例
特级	1. 列为国家重点项目或以国际性活动为主的高级大型公共建筑; 2. 有国家和重大历史意义或技术要求特别复杂的中小型公共建筑; 3. 30层以上高层建筑; 4. 高大空间有声、光等特殊要求的建筑	国宾馆、国家大会堂、国际会议中心、国际体育中心、国际贸易中心、大型国际航空港、国际综合俱乐部、重要历史纪念建筑、国家级图书馆、博物馆、美术馆、剧院、音乐厅,三级以上人防工程
1级	1. 高级、大中型公共建筑; 2. 有地区历史意义或技术要求复杂的中小型公共建筑; 3. 16层以上29层以下或高度超过50m(8度抗震设防区超过36m)的公共建筑; 4. 建筑面积10万㎡以上的居住区、工厂生活区	高级宾馆、旅游宾馆、高级招待所、别墅、省级展览馆、博物馆、图书馆、科学实验研究楼(包括高等院校)、高级会堂、高级俱乐部、大型综合医院、疗养院、医疗技术楼、大型门诊楼、大中型体育馆、室内游泳馆、室内滑冰馆、大城市火车站、航运站、候机楼、综合商业大楼、高级餐厅、四级人防、五级平战结合人防等
2级	1. 中高级、大中型总高不超过50m(8度抗震设防区不超过36m)公共建筑; 2. 技术要求较高的中小型建筑; 3. 建筑面积不超过10万㎡的居住区、工厂生活区; 4.16层以上29层以下的住宅	大专院校教学楼、档案楼、礼堂、电影院、省级机关办公楼、300床位以下(不含300床位)医院、疗养院、地市级图书馆、文化馆、少年宫、俱乐部、排演厅、报告厅、风雨操场、中等城市汽车客运站、中等城市火车站、邮电局、多层综合商场、风味餐厅、高级小住宅等
3级	1. 中级、中型公共建筑; 2. 高度不超过24m(8度抗震设防区<13m)、技术要求简单的建筑以及钢筋混凝土面、单跨<18m(采用标准设计21m)或钢结构屋面单跨<9m的单层建筑; 3. 7层以上15层以下有电梯住宅或框架结构的建筑	重点中学、中等专科学校、教学实验楼、电教楼、社会旅馆、饭店、招待所、浴室、邮电所、门诊所、百货楼、托儿所、幼儿园、综合服务楼、一二层商场、多层食堂、小型车站等
4级	1. 一般中小型公共建筑; 2. 7层以下无电梯住宅、宿舍及砖混结构的建筑	一般办公楼、中小学教学楼、单层食堂、单层汽车库、消防车库、消防站、蔬菜门市部、粮站、杂货店、阅览室、理发室、公共厕所等
5级	一二层单功能、一般小跨度结构建筑	同特征描述

2. 民用建筑的耐久等级

以使用年限为指标,根据《民用建筑设计通则》(GB 50352—2005)的规定划分为四类,如表1-2所示。

表1-2 民用建筑的耐久等级

类 别	设计使用年限(年)	示 例
1	5	临时性建筑
2	25	易替换结构构件的建筑
3	50	普通建筑和构筑物
4	100	纪念性建筑和特别重要的建筑

3. 民用建筑的耐火等级

耐火等级是衡量建筑物耐火程度的指标,它是由组成建筑物构件的燃烧性能和耐火极限的最低值这两个因素确定。

(1)燃烧性能

按燃烧性能把构件的耐火性能分成非燃烧体、燃烧体、难燃烧体。

① 非燃烧体:指用非燃烧材料做成的建筑构件,如天然石材、人工石材、金属材料等。

② 燃烧体:指用容易燃烧的材料做成的建筑构件,如木材、纸板、胶合板等。

③ 难燃烧体:指用不易燃烧的材料做成的建筑构件,或者用燃烧材料做成,但用非燃烧材料作为保护层的构件,如沥青混凝土构件、木板条抹灰等。

(2)耐火极限

耐火极限是指任一建筑构件在规定的耐火试验条件下,从受到火的作用时起,到失去支持能力或完整性被破坏或失去隔火作用时为止的这段时间,用小时(h)表示,如图1-22所示。只要以下三个条件中任一个条件出现,就可以确定是否达到其耐火极限。

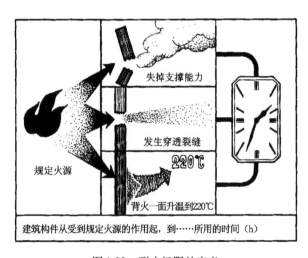

图1-22 耐火极限的定义

① 失去支持能力。指构件在受到火焰或高温作用下,由于构件材质性能的变化,使承载能力和刚度降低,承受不了原设计的荷载而破坏。例如,受火作用后的钢筋混凝土梁失去支撑能力,钢柱失稳破坏;非承重构件自身解体或垮塌等,均属失去支持能力。

② 完整性被破坏。指薄壁分隔构件在火中高温作用下,发生爆裂或局部塌落,形成穿透裂缝或孔洞,火焰穿过构件,使其背面可燃物燃烧起火。例如,受火作用后的板条抹灰墙,内部可燃板条先行自燃,一定时间后,背火面的抹灰层龟裂脱落,引起燃烧起火;预应力钢筋混凝土楼板使钢筋失去预应力,发生炸裂,出现孔洞,使火苗蹿到上层房间。在实际中这类火灾相当多。

③ 失去隔火作用。指具有分隔作用的构件,背火面任一点的温度达到220℃时,构件失去隔火作用。例如,一些燃点较低的可燃物(纤维系列的棉花、纸张、化纤品等)烤焦后以致起火。

民用建筑的耐火等级划分为四级,如表 1-3 所示。其中,一级的耐火性能最好,四级最差。性能重要的或者规模宏大的或者具有代表性的建筑,通常按一、二级耐火等级进行设计;大量性的或一般性的建筑按二、三级耐火等级设计;次要的或者临时建筑按四级耐火等级设计。

表 1-3 以主体结构确定的建筑耐火等级

燃烧性能和耐火极限(h) / 耐火等级 / 构件名称		一级	二级	三级	四级
墙 柱	防火墙	非燃烧体 4.00	非燃烧体 4.00	非燃烧体 4.00	非燃烧体 4.00
	承重墙、楼梯间、电梯井墙	非燃烧体 3.00	非燃烧体 2.50	非燃烧体 2.50	难燃烧体 0.50
	非承重外墙、疏散走道两侧的隔墙	非燃烧体 1.00	非燃烧体 1.00	非燃烧体 0.50	难燃烧体 0.25
	房间隔墙	非燃烧体 0.75	非燃烧体 0.50	难燃烧体 2.50	难燃烧体 0.25
	支撑多层的柱	非燃烧体 3.00	非燃烧体 2.50	非燃烧体 2.00	难燃烧体 1.50
	支撑单层的柱	非燃烧体 2.50	非燃烧体 2.00	非燃烧体 2.00	燃烧体
梁		非燃烧体 2.00	非燃烧体 1.50	非燃烧体 1.00	难燃烧体 0.50
楼板		非燃烧体 1.50	非燃烧体 1.00	非燃烧体 0.50	难燃烧体 0.25
屋顶承重构件		非燃烧体 1.50	非燃烧体 0.50	燃烧体	燃烧体
疏散楼梯		非燃烧体 1.50	非燃烧体 1.00	非燃烧体 1.00	燃烧体
吊顶(包括吊顶搁栅)		非燃烧体 0.25	难燃烧体 0.25	难燃烧体 0.15	燃烧体

任务实施

借助网上、杂志期刊、图书等搜集中外著名建筑至少 4 个,做成 PPT 汇报交流。

🏆 任务评价

评价等级	评价内容
优秀(90~100)	不需要他人指导,能够按时完成任务,PPT制作条理清晰、图文并茂、画面重点突出,汇报过程语言表达准确、流畅,分析透彻,并能指导他人完成任务
良好(80~89)	需要他人指导,能够按时完成任务,PPT制作条理清晰、图文并茂、画面重点突出,汇报过程语言表达准确、流畅,分析清楚
中等(70~79)	在他人指导下,能够按时完成任务,PPT制作图文并茂,画面重点突出,汇报过程语言表达流畅,分析清楚
及格(60~69)	在他人指导下,能够按时完成任务,PPT制作图文并茂,汇报过程语言表达流畅

🔍 思考与练习

1. 如何理解建筑与技术、艺术的关系?

2. 如何理解建筑与其他学科的关系?

3. 如何进行建筑的分类?

项目 2　考察建筑组成

任务 1　分组考察周边不同建筑墙体细部

任务目标

了解建筑构造组成——墙体的细部名称、位置、作用。

任务要求

① 考察墙体在建筑中的承重与非承重、保温、隔热、隔声、造型等措施。

② 考察墙体细部如散水、明沟、勒脚、窗台、圈梁、构造柱、女儿墙等位置、做法和作用。

③ 考察墙体的装修材料和做法。

④ 考察墙体的变形缝位置。

知识与技能

2.1　建筑的构造组成及作用

建筑的物质实体主要由承重部分和围护部分组成,除此之外,还有装饰部分和其他附属部分,如图 2-1-1 所示。

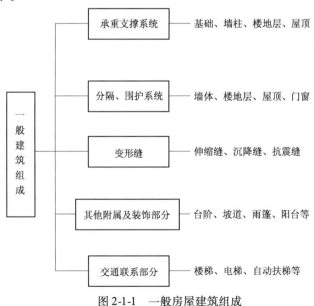

图 2-1-1　一般房屋建筑组成

就民用建筑而言,按其所处部位和功能不同,可分为基础、墙和柱、楼板层和地坪层、楼梯和电梯、屋顶、门窗等六大基本组成部分。其中,基础、承重墙、柱等是建筑的竖向承重结构部分,而楼板、屋面板等是建筑的水平承重结构部分,楼梯、电梯、自动扶梯是建筑重要的交通联系构件,外围护墙、内分隔墙、门窗等为围护结构,遮阳、阳台、栏杆、隔断、花池、台阶、坡道、雨篷、饰面装修等则属于附属部件(图2-1-2)。除此之外,还有为抵抗各种因素影响而设置的伸缩缝、沉降缝和抗震缝等。

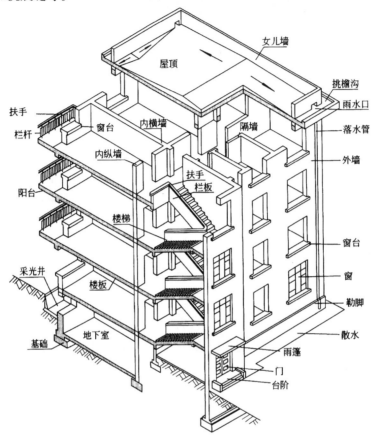

图 2-1-2　墙体承重结构的建筑构造组成

1. 基础

基础是位于建筑物最下部的承重构件,起承重作用。承受建筑物的全部荷载,并传递给下面的土层(地基)。

2. 墙和柱

墙和柱是围成房屋空间的竖向构件。分两种情况:①在墙承重的建筑中,墙既是承重构件(把建筑的上部荷载传递给基础),又是围护构件,同时还有分隔空间的作用;②在框架承重的建筑中,柱和梁形成框架承重结构系统,此时墙仅仅起到分隔空间、遮风避雨、保温隔热的围护作用。

3. 楼地层

楼地层是楼板层和地坪层的合称。其中,楼板层承受家具、设备、人体及自重的荷载,并将这些荷载传递给承重墙或梁、柱,起承重、分隔空间和水平支撑的作用,同时可增加建筑物整体刚度。地坪层是建筑底层空间与地基之间的分隔构件,它支撑着人和家具设备的荷载,并将这些荷载传递给地基。

4. 楼梯和电梯

楼梯和电梯是楼层间的垂直交通联系设施,起交通联系和承重的作用。其中,楼梯是建筑中人们步行上下楼层的交通联系部件,并根据需要满足紧急事故时的人员疏散。电梯是建筑的垂直运输工具。自动扶梯是楼梯的机电化形式,用于传送人流,但不能用于消防疏散。

5. 屋顶

屋顶是建筑物顶部构件,起承重、保温隔热和防水的作用,同时还起抵御自然界各种因素影响的作用(即围护作用)。

6. 门窗

门窗均为非承重构件。门主要起内外交通联系和分隔房间的作用,有时兼有采光和通风的作用;窗主要起采光和通风的作用,同时还具有分隔和围护的作用。

一般的民用建筑除上述六大组成部分外,还有饰面装修部分。它是依附于内外墙、柱、顶棚、楼板、地坪等之上的面层装饰或附加表皮,其主要作用是美化建筑表面、保护结构构件、改善建筑物理性能等。不同的建筑还有各自不同的构配件和附属部分,如阳台、台阶、雨篷、坡道、散水、明沟、窗台、挑檐沟、女儿墙、遮阳板等。所有组成建筑的各个部分起着不同的作用。

在建筑设计中把建筑的各组成部分归纳为两大类:一类是建筑构件,另一类是建筑配件。其中,建筑构件主要指墙、柱、梁、楼板、屋架等承重结构,而建筑配件则是指屋面、地面、墙面、门窗、栏杆、花格、细部装饰等。

2.2 基础

1. 基础、地基、基础埋深的概念

基础是建筑物的组成部分,位于建筑物的最下面,是建筑物在地面以下的承重构件。它承受建筑物上部结构传下来的全部荷载,并把这些荷载连同本身的重量一起传到下面的土层或岩体。

地基就是基础下面的土层或岩体。基础和地基是两个不同的概念,如图2-1-3所示。

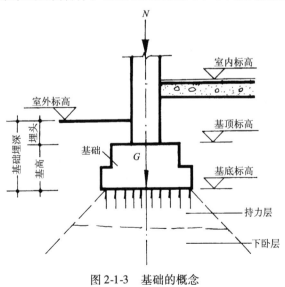

图 2-1-3　基础的概念

基础承受建筑物的全部荷载,并将荷载传递给地基,因此要求地基具有足够的承载能力。在进行结构设计时,必须计算基础下面土层的承载力。直接承受建筑荷载的土层为持力层,持力层以下的土层为下卧层。地基承受建筑物荷载而产生的应力和应变随着土层深度的增加而减小,在达到一定深度后就可忽略不计。

由室外设计地面到基础底面的垂直距离,称为基础的埋置深度。基础的埋深≤5m者为浅基础,>5m者为深基础。在满足地基稳定和变形要求的前提下,基础宜浅埋,当上层地基的承载力大于下层土时,宜利用上层土做持力层。除岩石地基外,基础埋深不宜<0.5m。

影响基础埋深的因素很多。与建筑物上部荷载的大小、地基土质的好坏、地下水位的高低、土的冰冻的深度以及新旧建筑物的相邻交接关系等因素都有关,如图2-1-4所示,地下水位对基础埋深的影响。

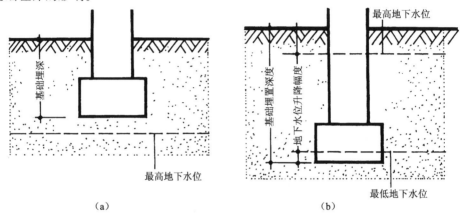

（a）　　　　　　　　　　　　（b）

图2-1-4　地下水位与基础埋深

2. 关于基础类型

（1）按基础的形式分类

基础的类型按其形式不同可以分为带形基础(条形基础)、独立式基础和联合基础。

① 带形基础:基础为连续的带形,又称条形基础。当地基条件较好、基础埋置深度较浅时,墙承式的建筑多采用带形基础,以便传递连续的条形荷载。条形基础常用砖、石、混凝土等材料建造。当地基承载能力较小,荷载较大时,承重墙下也可采用钢筋混凝土带形基础(图2-1-5)。

② 独立式基础:独立式基础呈独立的块状,形式有台阶形、锥形、杯形等(图2-1-6)。独立式基础主要用于柱下。在墙承式建筑中,当地基承载力较弱或埋深较大时,为了节约基础材料,减少土石方工程量,加快工程进度,亦可采用独立式基础。为了支撑上部墙体,在独立基础上可设梁或拱等连续构件。

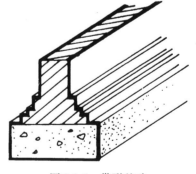

图2-1-5　带形基础

③ 联合基础:联合基础类型较多,常见的有柱下条形基础、柱下十字交叉基础、片筏基础和箱形基础(图2-1-7)。

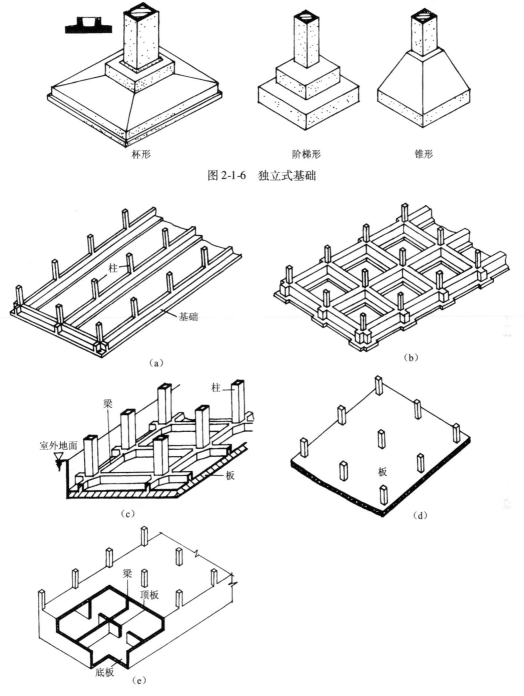

杯形　　　　　　　阶梯形　　　　　　　锥形

图 2-1-6　独立式基础

（a）

（b）

（c）　　　　　　　　　　　　　　（d）

（e）

图 2-1-7　联合基础

（a）柱下条形基础;（b）柱下十字交叉基础;（c）梁板式基础;（d）板式基础;（e）箱式基础

当柱子的独立基础置于较弱地基上时,基础底面积可能很大,彼此相距很近甚至碰到一起,这时应把基础连起来,形成柱下条形基础、柱下十字交叉基础。

如果地基特别弱而上部结构荷载又很大,即使做成联合条形基础,地基的承载力仍不能满

19

足设计要求时,可将整个建筑物的下部做成一整块钢筋混凝土梁或板,形成片筏基础。片筏基础整体性好,可跨越基础下的局部软弱土。片筏基础根据使用的条件和断面形式,又可分为板式和梁板式。

当建筑设有地下室,且基础埋深较大时,可将地下室做成整浇的钢筋混凝土箱形基础,它能承受很大的弯矩,可用于特大荷载的建筑。

(2)按基础的材料和基础的受力情况分类

按基础材料不同可分为砖基础、石基础、混凝土基础、毛石混凝土基础、钢筋混凝土基础等。

按基础的传力情况不同可分为刚性基础和柔性基础两种。

刚性基础用刚性材料,如砖、石、素混凝土等制作的基础,底面宽度扩大受到刚性角的限制。如图 2-1-8 所示,刚性角指的是基础的压力分布角,以 α 表示。砖砌基础的刚性角控制在 26°~33°之间,素混凝土基础的刚性角应控制在 45°以内。

刚性基础常用于地基承载力较好,压缩性较小的中小型民用建筑中。

刚性基础因受刚性角的限制,当建筑物荷载较大,或地基承载能力较差时,如按刚性角逐步放宽,则需要很大的埋置深度,这在土方工程量及材料使用上都很不经济。在这种情况下宜采用钢筋混凝土基础,基础就可以不受刚性角的限制。此时,用钢筋混凝土建造的基础,不仅能承受压应力,还能承受较大拉应力,不受材料的刚性角限制,故称为柔性基础,又称非刚性基础或扩展基础,如图 2-1-9 所示。

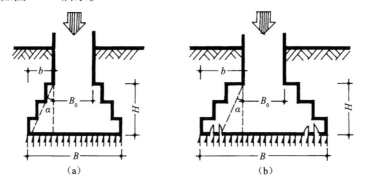

图 2-1-8　刚性基础

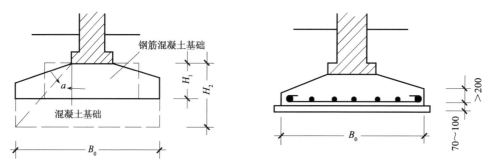

图 2-1-9　柔性基础

(a)混凝土与钢筋混凝土基础比较;(b)基础配筋情况

2.3 墙体

2.3.1 墙体的类型及设计要求

1. 墙体的类型

墙体的种类很多,常用的墙体主要有砖墙、砌块墙、板材墙、钢筋混凝土墙、轻骨架墙、玻璃幕墙、石墙等。其中砖墙和砌块墙又统称块材墙,也是目前建筑中使用最广泛的墙体。

根据墙体在建筑物中的位置、受力情况、材料选用和构造施工方法等不同,墙体有以下几种分类方法。

(1)按所处的位置划分(图2-1-10)

① 内墙:位于建筑物内部的墙体。主要起分隔室内空间的作用。

② 外墙:位于建筑物四周的墙体。故又称外围护墙。

③ 窗间墙:窗与窗或门与窗之间的墙段。

④ 窗下墙:窗洞下方的墙体。

⑤ 女儿墙:屋顶上部高出屋面的墙体。

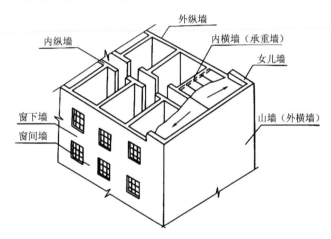

图 2-1-10 墙体位置名称

(2)按方向划分(图2-1-10)

纵墙:沿建筑物长轴方向布置的墙

横墙:沿建筑物短轴方向布置的墙。外横墙俗称山墙。

(3)按受力情况划分(图2-1-11)

① 承重墙:直接承受楼板及屋顶传下来的荷载和风力、地震力等水平荷载。由于承重墙所处的位置不同。又分为承重内墙和承重外墙。墙下有条形基础。

② 非承重墙:即不承受外来荷载的墙体称为非承重墙。

在砖混结构中,非承重墙又分为自承重墙(或称承自重墙)、围护墙和隔墙。

自承重墙:仅承受墙体自身重量,并把自重传给基础。自承重墙不承受屋顶、楼板等垂直荷载,墙下有条形基础。

围护墙:重量由梁承受并传给柱子或基础,围护墙的作用是防风、雪、雨的侵袭和保温、隔热、隔声、防水等,它对保证房间内具有良好的生活环境和工作条件关系很大。

隔墙:是指分隔室内空间的非承重墙,隔墙把自重传给楼板层或附加的小梁,它的作用就是将大房间分隔为若干小房间。隔墙应满足防火、防潮和隔声的要求。隔墙的墙下不设基础。

在框架结构中,非承重墙还可以分为填充墙和幕墙。

填充墙是位于框架梁柱之间的墙体。

当墙体悬挂于框架梁柱的外侧起围护作用时,称为幕墙,幕墙的自重由其连接固定部位的梁柱承担。位于高层建筑外围的幕墙,虽然不承受竖向的外部荷载,但受高空气流影响需承受以风力为主的水平荷载,并通过与梁柱的连接传递给框架系统。

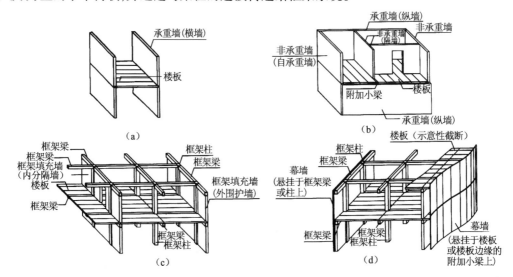

图 2-1-11 墙体受力情况示意图
(a)横墙承重砖混结构;(b)纵墙承重砖混结构;(c)框架结构—框架填充墙;(d)框架结构—幕墙

(4)按材料划分

按所用材料的不同墙体分为砖墙、砌块墙、现浇或预制的钢筋混凝土墙、石墙、玻璃幕墙等。

(5)按构造方式划分

墙体构造按剖面是实心还是空心划分为实体墙和空体墙;墙体构造按材料可分为单一材料墙体和复合材料墙体。

① 实体墙:由单一材料(砖、石块、混凝土和钢筋混凝土等)或复合材料(钢筋混凝土与加气混凝土分层复合、黏土与焦渣分层复合等)组砌成不留空隙的墙体,如普通砖墙、实心砌块墙、混凝土墙、钢筋混凝土墙等(图2-1-12)。

② 空体墙:也是由单一材料组成,既可以是单一材料砌成内部空腔,例如空斗砖墙,也可用具有孔洞的材料组砌,如空心砖墙、空心砌块墙、空心板材墙等(图2-1-13)。

③ 组合墙:又称复合墙,由两种以上材料组合而成。这种墙体的承重结构为黏土砖或钢筋混凝土,其内侧或外

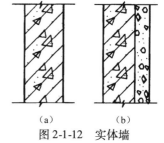

图 2-1-12 实体墙
(a)单一材料实体墙;(b)复合材料实体墙

侧复合轻质保温板材,如钢筋混凝土和加气混凝土构成的复合板材墙,其中钢筋混凝土起承重

作用,加气混凝土起保温隔热作用。常用的复合轻质保温材料有充气石膏板、水泥聚苯板、黏土珍珠岩、纸面石膏聚苯复合板、纸面石膏岩棉复合板、纸面石膏玻璃复合板等(图 2-1-14)。

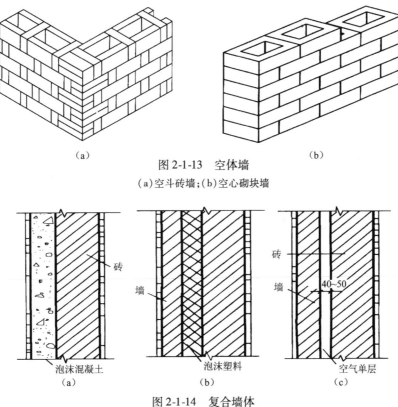

图 2-1-13　空体墙

(a)空斗砖墙;(b)空心砌块墙

图 2-1-14　复合墙体

(a)保温层在外侧;(b)夹心构造;(c)利用空气间层

(6)按施工方法分类

① 块材墙:用砂浆等胶结材料将砖石块材等组砌而成,如砖墙、石墙及各种砌块墙等。

② 版筑墙:在现场立模板,现浇而成的墙体,如现浇混凝土墙等(图 2-1-15)。

③ 板材墙:预先制成墙板,施工时现场安装而成的墙体,如预制混凝土大板墙、各种轻质条板内隔墙等(图 2-1-16)。

图 2-1-15　版筑墙——现浇混凝土墙

图 2-1-16　轻质板材

2. 墙体的作用和设计要求

民用建筑中的墙体一般有三个作用，即承重作用、围护作用和分隔作用。除此以外，墙体对建筑立面造型起很重要作用，同时一些墙体有很强的纪念意义，如图 2-1-17 和图 2-1-18 所示。

图 2-1-17　墙体的立面造型

图 2-1-18　巴黎军事博物馆后的纪念墙

从墙体的作用来说，墙体要满足以下设计要求：

（1）具有足够的强度和稳定性

即墙体必须有足够的承受荷载的能力和稳定性，以满足其使用要求。

提高墙体承载力的方法有两种，一是加大截面面积或加大墙厚。这种方法虽然可取，但不一定经济。工程实践表明，240mm 厚的砖墙可以保证 20m 高建筑（相当于住宅六层）的承载要求。二是提高砌体抗压强度的设计值。这种方法是采用同一墙体厚度，在不同部位通过改变砖和砂浆的强度等级来达到不同的承载要求。

墙体的稳定性一般采取验算高厚比的方法进行，高厚比是指墙、柱的计算高度 H 与其厚度 h 的比值。其值越大，其稳定性越差。

（2）具有必要的保温、隔热等方面的性能

寒冷地区，采暖建筑的外墙保温能力主要表现在墙体阻止热量传出的能力和防止在墙体表面和内部产生凝结水的能力两大方面。冬季室内温度高于室外，热量从高温一侧向低温一侧传递（图 2-1-19）。

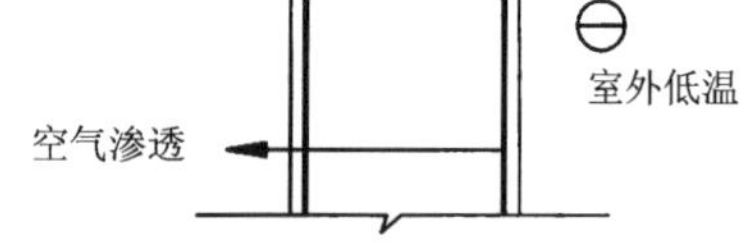

为了减少热损失，可采取以下四个方面的保温措施：

① 增加墙厚和选择不同的材料，有三种做法：

a. 增加外墙厚度，使传热过程延缓，达到保温目的。但是墙体加厚，会增加结构自重、加大墙体材料用量、占用建筑面积、缩小建筑有效空间等。

图 2-1-19　外墙冬季传热过程

b. 选用孔隙率高、密度小的材料做外墙，如加气混凝土等。这些材料导热系数小，保温效果好，但是强度不高，不能承受较大的荷载，一般用于框架填充墙等，如图 2-1-20 所示。

c. 采用多种材料的组合墙,形成保温构造系统解决保温和承重双重问题。外墙保温系统根据保温材料与承重材料的位置关系,有外墙外保温、外墙内保温和夹芯保温几种方式,目前应用较多的保温材料有 EPS(模塑聚苯乙烯泡沫塑料)板或颗粒。此外,岩棉、膨胀珍珠岩、加气混凝土等也是可供选择的保温材料。图 2-1-21 所示为外墙外保温实例。

图 2-1-20　选择多孔混凝土砌块保温　　　　　图 2-1-21　外墙外保温实例

② 防止外墙中出现凝结水。为了避免采暖建筑热损失,冬季通常是门窗紧闭,生活用水及人的呼吸使室内湿度增高,形成高温高湿的室内环境。而室外温度和墙体内的温度较低,当室内热空气传至外墙时,蒸汽在墙内形成凝结水,水的导热系数较大,因此就使外墙的保温能力明显降低。为了避免这种情况产生,应在靠室内高温一侧设置隔蒸汽层,阻止水蒸气进入墙体。隔蒸汽层常用卷材、防水涂料或薄膜等材料。

③ 防止外墙出现空气渗透。墙体材料一般都不够密实,有很多微小的孔洞。墙体上设置的门窗等构件,因安装不严密或材料收缩等,会产生一些贯通性缝隙。由于这些孔洞和缝隙的存在,冬季室外风的压力使冷空气从迎风墙面渗透到室内,而室内外有温差,室内热空气从内墙渗透到室外,所以风压及热压使外墙出现了空气渗透。为了防止外墙出现空气渗透,一般采取选择密实度高的墙体材料,墙体内外加抹灰层,加强构件间的缝隙处理等措施。

④ 采用具有复合空腔构造的外墙形式,使墙体根据需要具有热工调节性能。例如双层皮组合外墙,被动式太阳房集热墙等,另外还可以利用遮阳、百叶和引导空气流通的各种开口设置,来强化外墙体系的热工调节能力。

在炎热地区,墙体隔热的措施主要有以下四方面:增加墙厚;利用遮阳设施;绿化;将墙体表面做成光滑、浅色(图 2-1-22)。

(3)满足隔声的要求

为了使室内有安静的环境,避免室外和相邻房间的噪声影响,保证人们的工作和生活不受噪声的干扰,要求建筑根据使用性质的不同进行不同标准的噪声控制,如城市住宅 42dB、教室 32dB、剧场 34dB 等(表 2-1-1)。

墙体主要隔离由空气直接传播的噪声。建筑内部的噪声,如说话声、家用电器声等,室外噪声如汽车声、喧闹声等(表 2-1-2)。空气声在墙体中的传播途径有两种:一是通

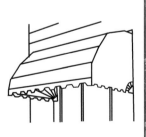

图 2-1-22　墙体隔热措施

过墙体的缝隙和微孔传播;二是在声波作用下墙体受到振动,声音透过墙体而传播。

墙体构造设计中,墙体必须要满足隔声标准(表2-1-3)。实践证明,重而密实的材料是很好的隔声材料。在工程实践中,除外墙外,一般用带空心层的隔墙或轻质隔墙来满足隔声要求。

表2-1-1 一般民用建筑房间的允许噪声级

房间名称	允许噪声级(dB)	房间名称	允许噪声级(dB)
公寓、住宅、旅馆	30 ~ 45	剧院	30 ~ 35
会议室、小办公室	40 ~ 45	医院	35 ~ 40
图书馆	40 ~ 45	电影院、食堂	35 ~ 40
教室、讲堂	35 ~ 40	饭店	50 ~ 55

表2-1-2 各种场所的噪声

噪声声源名称	至声源的距离(m)	噪声级(dB)	噪声声源名称	至声源的距离(m)	噪声级(dB)
安静的街道	10	60	建筑物内高声谈话	5	70 ~ 75
汽车鸣喇叭	15	75	室内若干人高声谈话	5	80
街道上鸣高音喇叭	10	85 ~ 90	室内一般谈话	5	60 ~ 70
工厂汽笛	20	105	室内关门声	5	75
锻压钢板	5	115	机车汽笛声	10 ~ 15	100 ~ 105
铆工车间		120			

表2-1-3 围护结构(隔墙和楼板)空气声隔声标准(计权隔声量)(dB)

建筑类别	部位	特级	一级	二级	三级
住宅	分户墙与楼板		≥50	≥45	≥40
学校	有特殊安静要求的房间与一般教室间的隔墙和楼板		≥50 ≥50	— —	— —
	一般教室与各种产生噪声的活动教室间的隔墙和楼板			≥45	
	一般教室与教室间的隔墙与楼板				≥40
医院	病房与病房之间		≥45	≥40	≥35
	病房与产生噪声的房间之间		≥50	≥50	≥45
	手术室与病房之间		≥50	≥45	≥40
	手术室与产生噪声的房间之间		≥50	≥50	≥45
	听力测听室的围护结构		≥50	≥50	≥50
旅馆	客房与客房之间的隔墙	≥50	≥45	≥40	≥40
	客房与走廊之间的隔墙(含门)	≥40	≥40	≥35	≥30
	客房的外墙(含窗)	≥40	≥35	≥25	≥20

为了提高墙体的隔声效果,一般采取以下措施:

① 加强墙体的密封处理:如墙体、门、窗及管道处的缝隙进行密封处理。

② 增加墙体密实性及厚度,避免噪声穿越墙体及墙体振动。砖墙和混凝土墙的隔声能力

较好,240mm 厚砖墙的隔声量可达到 49dB。但单纯采用增加墙厚以提高隔声效果是不经济和不合理的。

③ 采用空气间层或多孔材料的夹层墙。由于空气或玻璃棉等多孔材料具有减振和吸声作用,可提高墙体的隔声能力。

④ 采用合理的建筑总平面布置及绿化配置,降低噪声。将不怕干扰的建筑靠近城市干道布置,对后排建筑可以起隔声作用。也可选用枝叶茂密四季常青的绿化带降低噪声。

(4) 其他方面的要求

① 防火要求:选择燃烧性能和耐火极限符合防火规范规定的材料。在较大的建筑中应设置防火墙,把建筑分成若干区段,以防止火灾蔓延。根据防火规范,一、二级耐火等级建筑,防火墙最大间距为 150m,三级建筑为 100m,四级为 60m。

② 防水防潮要求:在厨房、卫生间、实验室等有水的房间及地下室的墙,应采取防水防潮措施。选择较好的防水材料以及合理的构造做法,保证墙体的坚固耐久。

③ 建筑工业化要求:在大量性民用建筑中,墙体工程量占有较大比重,尤其是墙体材料的改革,必须改变手工生产及操作,提高机械化施工程度,提高工效,降低劳动强度。采用轻质高强的墙体材料,减轻自重,减低成本。

2.3.2 块材墙构造

块材墙是用砂浆等胶结材料将砖、石块材等组砌而成,如砖墙、石墙及各种砌块墙等,也可以简称为砌体墙。

1. 关于块材

块材墙中常用的块材有各种砖和砌块,如图 2-1-23 所示。从外观上看,砖有实心砖、空心砖和多孔砖、实心砌块、空心砌块、微孔砌块等。从材料上划分有黏土砖、灰砂砖、混凝土多孔砖(水泥砖)、烧结粉煤灰砖、蒸压粉煤灰砖、煤渣砖、烧结煤矸石砖、烧结页岩砖以及各种工业废料砖,如炉渣砖、混凝土砌块、石膏轻骨料混凝土砌块、加气混凝土、水泥炉渣混凝土砌块、粉煤灰硅酸盐砌块等。其中,砌块是利用混凝土、工业粉料(炉渣、粉煤灰等)或地方材料制成的人造块材,外形尺寸比砖大,具有设备简单、砌筑速度快、保温性能好的优点,符合建筑工业化发展的要求。

图 2-1-23　各种块材

混凝土砌块具有强度高、自重轻、耐久性好、外形尺寸规整,部分类型的混凝土砌块还具有美观的饰面以及良好的保温隔热性能等优点,应用范围十分广泛。混凝土砌块按其强度等级划分为 MU3.5、MU5.0、MU7.5、MU10、MU15、MU20 六个等级；按其尺寸偏差和外观质量分为优等品(A)、一等品(B)和合格品(C)三个等级。按照其强度等级和使用功能的不同特点，混凝土砌块分为普通承重与非承重砌块、装饰砌块、保温砌块、吸声砌块等类别。

在原料中掺不少于30%的工业废渣、农作物秸秆、垃圾、江河(湖、海)淤泥，以及由其他资源综合利用的废物所生产的墙体材料产品，也是墙体块材的一种。

常见砖的尺寸如表 2-1-4 所示。

砌块则按尺寸和质量的大小不同分为小型砌块、中型砌块、大型砌块。小型砌块主规格的高度尺寸为 115~380mm，中型砌块主规格的高度尺寸为 380~980mm，大型砌块主规格的高度尺寸大于 980mm。使用中以中小型砌块居多。常见砌块的尺寸如图 2-1-24 所示。

表 2-1-4　常用砖的尺寸规格标准表

名称	规格(长×宽×厚)(mm)	备注
烧结普通实心砖	主砖规格:240×115×53	
	配砖规格:175×115×53	
蒸压粉煤灰实心砖	240×115×53	
蒸压灰砂实心砖	240×115×53	
蒸压灰砂多孔砖	240×115×(53、90、115、175)	只是目前生产的产品规格，相应标准为 JC/T 637—2009；孔洞率≥15%
烧结空心砖	290×190(140)×90 240×180(175)×115	孔洞率≥35%
烧结多孔砖	P 型:240×115×90 M 型:190×190×90	孔洞率15%~30%；砖型、外形尺寸、孔型、空洞尺寸详见国家建筑标准图集《多孔砖墙体建筑构造》96(03)SJ101

根据建筑的不同部位和要求，使用不同的砖和砌块砌筑墙体。例如，混凝土多孔砖是以水泥为胶结材料，以砂、石为主要骨料，加水搅拌、成型、养护制成的一种多排小孔的混凝土砖，用于建筑物的承重墙和非承重墙；蒸压粉煤灰砖是采用粉煤灰、石灰、石膏和细骨料为原料，压制成型后经高压蒸汽养护制成的实心砖，具有强度高，性能稳定的特点，但用于基础或易受冻融及干湿交替作用的部位时对强度等级要求较高。

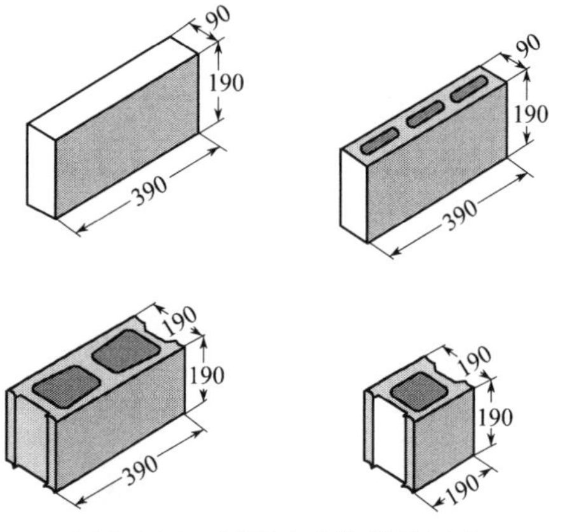

图 2-1-24　混凝土砌块常见尺寸

2. 关于砂浆

建筑砂浆是由胶凝材料、细骨料、掺加料和水按一定的比例配制而成的建筑材料。建筑砂浆主要的胶凝材料是各种水泥等。块材需经胶结材料砌筑成墙体，使其传力均匀，同时胶结材料还起着嵌缝作用，能提高墙体的保温、隔热和隔声能力。砌筑砂浆要求有一定的强度，以保证墙体的承载能力，还要求有适当的稠度和保水性(即有良好的和易性)，方便施工。

砌筑砂浆通常使用的有水泥砂浆、石灰砂浆和混合砂浆三种。

砂浆性能主要体现在强度、和易性、防潮性几个方面。水泥砂浆强度高、防潮性能好，主要用于受力和防潮要求高的墙体中；石灰砂浆强度和防潮性都差，但和易性好，用于强度要求低的墙体;混合砂浆由水泥、石灰、砂拌合而成,有一定的强度,和易性也好,使用比较广泛。

一些块材表面较光滑,如蒸压粉煤灰砖、蒸压灰砂砖、蒸压加气混凝土砌块等,砌筑时需要加强与砂浆的粘结力,要求采用经过配方处理的专用砌筑砂浆,或采取提高块材和砂浆间粘结力的相应措施。砂浆的强度等级分为七级:M15、M10、M7.5、M5、M2.5、M1、M0.4。在同一段墙体中,砂浆和砌块的强度有一定的对应关系,以保证砌体的整体强度不受影响。

3. 块材墙的砌筑

(1)砖墙的砌筑

砖墙的砌筑要领:横平竖直,砂浆饱满,错缝搭接,避免通缝,如图2-1-25所示。

在砖墙的组砌中,把砖的长方向垂直于墙面砌筑的砖称为丁砖,把砖的长度方向平行于墙面砌筑的砖称为顺砖。上下两皮砖之间的水平缝称为横缝,左右两块砖之间的缝称为竖缝。标准缝宽为10mm,可以在8~12mm间进行调节。要求丁砖和顺砖交替砌筑,灰浆饱满、横平竖直(图2-1-25)。丁砖和顺砖可以层层交错,也可以根据需要隔一定高度或在同一层内交错,由此带来墙体的图案变化和砌体内错缝程度不同,通常有一顺一丁、多顺一丁、十字式(又称梅花丁)等(图2-1-26)。当墙面不抹灰做清水墙面时,应考虑块材排列方式不同带来的墙面图案效果。

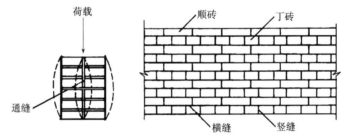

图2-1-25　砖墙砌筑要避免通缝

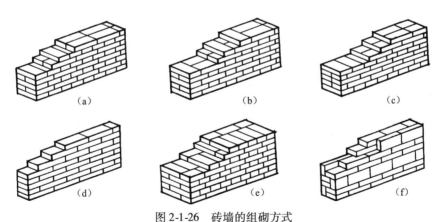

图2-1-26　砖墙的组砌方式

(a)240砖墙,一顺一丁式;(b)240砖墙,十字式;(c)240砖墙,多顺一丁式;
(d)120砖墙;(e)370砖墙;(f)180砖墙

现行墙体厚度是用砖长来作为确定依据的,砖墙的厚度习惯上以砖长为基数来称呼,如半砖墙、一砖墙、一砖半墙等。常见砖墙厚度如表2-1-5所示。

表 2-1-5 常见砖墙厚度

墙厚	断面图	习惯称呼	实际尺寸（mm）	墙厚	断面图	习惯称呼	实际尺寸（mm）
半砖墙	115	12 墙	115	一砖半墙	240 10 115 / 365	37 墙	365
3/4 砖墙	53 10 115 / 178	18 墙	178	两砖墙	115 10 240 10 115 / 490	49 墙	490

（2）砌块墙的组砌

砌块墙在组砌中与砖墙不同的是,由于砌块规格较多、尺寸较大,为保证错缝以及砌体的整体性,应事先做排列设计,即把不同规格的砌块在墙体中的安放位置用平面图和立面图加以表示,并在砌筑过程中采取加固措施。

砌块排列组合设计应满足以下要求:

① 上下错缝搭接,减少通缝;

② 转角部位砌块应搭接;

③ 先选大砌块,主砌块占总数 70% 以上;

④ 局部可采用普通砖镶补;

⑤ 空心砌块上下孔、肋对齐,以保证有足够的接触面。

图 2-1-27 所示为砌块墙的组砌排列示意图。图 2-1-28 所示为砌块墙与窗洞口组砌协调排列示意图。图 2-1-29 所示为砌块墙应用实例。

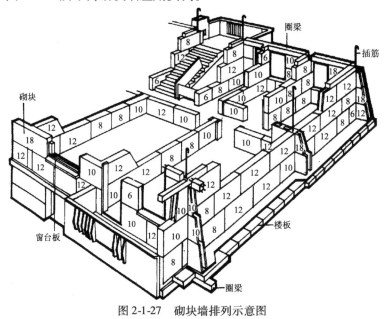

图 2-1-27 砌块墙排列示意图

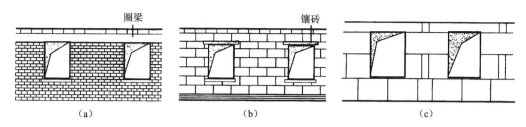

图 2-1-28　砌块墙与窗洞口协调排列示意图

(a)小型砌块排列示例;(b)中型砌块排列示例之一;(c)中型砌块排列示例之二

当砌块墙组砌时出现通缝或错缝距离不足 150mm 时,应在水平缝通缝处加钢筋网片,使之拉结成整体,如图 2-1-30 所示。

图 2-1-29　砌块墙应用实例

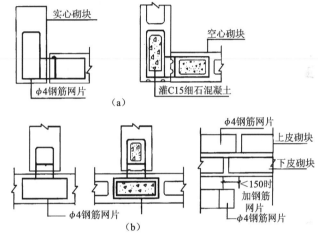

图 2-1-30　砌块墙通缝处理

由于砌块规格很多,外形尺寸往往不像砖那样规整,因此砌块组砌时,缝型比较多,有平缝、凹槽缝和高低缝。平缝制作简单,多用于水平缝。凹槽缝灌浆方便,多用于垂直缝。缝宽视砌块尺寸而定,小型砌块为 10～15mm,中型砌块为 15～20mm。砂浆强度等级不低于 M5。

4. 墙的细部构造

(1)墙脚

墙脚是指室内地面以下、基础以上的这段墙体。包括勒脚、墙身防潮层、散水、明沟、墙裙、踢脚等。

① 勒脚:指外墙接近室外地坪的部位,起防潮、防水、防冻,防机械碰撞,美化建筑立面的作用。一般不低于室内地坪高度,有时做到底层窗台底。勒脚的做法、高低、色彩等应结合建筑物造型,选用耐久性好的材料或防水性能好的外墙饰面。

勒脚常见的构造做法有以下几种(图 2-1-31):

a. 勒脚表面抹灰,采用 20mm 厚 1：3 水泥砂浆打底,12mm 厚 1：2 水泥白石子浆水刷石或斩假石抹面。此法多用于一般建筑。

b. 勒脚贴面,采用天然石材或人工石材贴面,如花岗石、水磨石板等。贴面勒脚耐久性强、装饰效果好,用于标准较高的建筑。

c. 勒脚用坚固材料,采用条石、混凝土等坚固耐久的材料做勒脚。

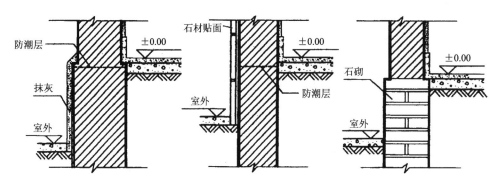

图 2-1-31　勒脚常见的构造做法

② 墙身防潮层

墙身受潮情况:雨水下渗,地下潮气上升。

防潮层的作用:阻断毛细水,使墙身保持干燥。即阻止潮气侵蚀墙身。

水平防潮层的位置:室内地坪以下 60mm 处,混凝土垫层中部,与面层平齐,如图 2-1-32 所示。

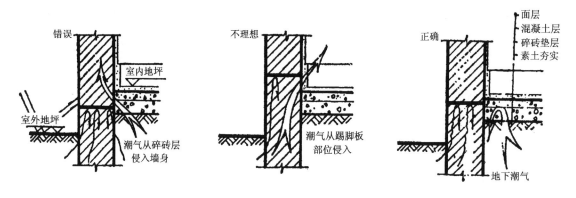

图 2-1-32　水平防潮层的位置分析

水平防潮层的做法:铺设油毡;铺设防水砂浆;浇注细石混凝土;用防水砂浆砌砖。如图 2-1-33 所示。

垂直防潮层:当内墙两侧地坪标高不一致时,应设两道水平防潮层和一道垂直防潮层,靠土层侧设垂直防潮层,如图 2-1-34 所示。

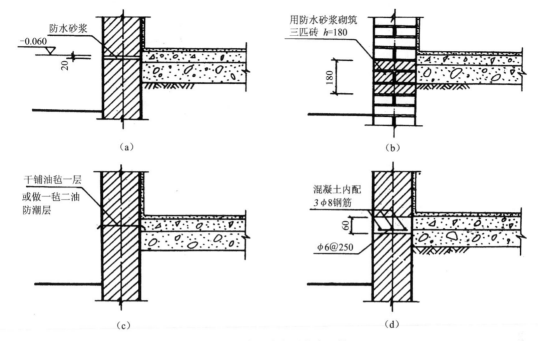

图 2-1-33　水平防潮层的常见做法

垂直防潮层的设置:墙体上下设两道水平防潮层。

垂直防潮层做法:水泥砂浆抹面,外刷冷底子油一道,热沥青两道。

③ 散水:建筑外墙四周靠墙根处的排水坡。将屋面落下的雨水排向远处,以保护墙基。

散水的构造做法有混凝土散水、砖铺散水、石铺散水。散水宽度 600~1000mm,坡度 3%~5%,外边缘比室外地坪高出 20~30mm(图 2-1-35)。散水与外墙交接处应设分隔缝,分隔缝用弹性材料嵌缝,防止外墙下沉时将散水拉裂(图 2-1-36)。

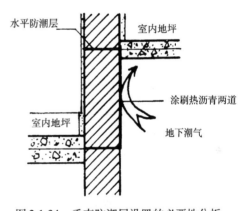

图 2-1-34　垂直防潮层设置的必要性分析

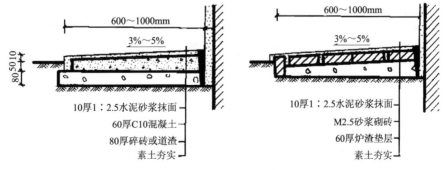

图 2-1-35　散水的构造做法

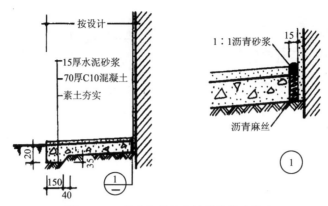

图 2-1-36　散水与外墙交接处的构造做法

　　④ 明沟:建筑物外墙墙根四周紧靠墙根的排水沟。将屋面落水和地面积水有组织地导向地下排水井,以保护外墙基础。

　　明沟的构造做法:明沟宽度不小于 200mm,沟底纵坡 0.5% ~1%。有混凝土明沟,砖、石砌筑后抹水泥砂浆明沟,如图 2-1-37 所示,入口的明沟断开或做暗沟处理。

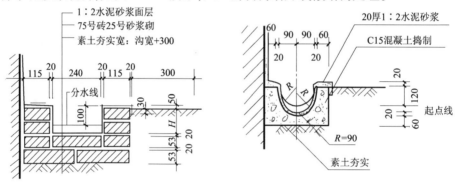

图 2-1-37　明沟的构造做法

　　散水与明沟都在建筑外墙四周墙根处,如图 2-1-38 所示。根据需要也可以将散水明沟结合进行布置,如图 2-1-39 所示。

（a）　　　　　　　　　　　　　　　　（b）

图 2-1-38　散水与明沟的位置

（a)建筑外墙四周的散水;(b)外墙四周的明沟建筑

⑤ 墙裙:室内从墙根开始向上高度 1～2m 的墙面装饰。起防水、防潮、保护墙身、美观装饰的作用。做墙裙的主要材料有瓷砖、水磨石、木护壁等,如图 2-1-40 所示。

⑥ 踢脚:室内墙面的下部与室内楼地面交接处高度 120～150mm 的构造,如图 2-1-41 所示。有时也看做是楼地层的延伸。其作用是保护墙面,防止因外界碰撞而损坏墙体和因清洁地面时弄脏墙身。常用的踢脚材料有水泥砂浆、水磨石、大理石、缸砖、木材和石板等,应随室内地面材料而定,如图 2-1-42 所示。

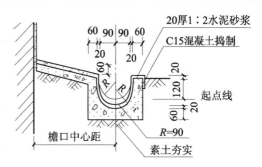

图 2-1-39　散水与明沟结合的构造做法

图 2-1-40　墙裙的实际应用举例

图 2-1-41　踢脚的实际应用举例

（2）窗台

窗台有外窗台和内窗台之分。

外窗台:排除窗上流下的雨水,美化房屋立面,是建筑立面重点处理的部位。一般情况下,为避免雨水污染墙面,同时还防止雨水积聚在窗下侵入墙身、渗入室内,影响室内卫生,应设置悬挑窗台(图 2-1-43)。但当处于内墙(如走廊窗户)或阳台

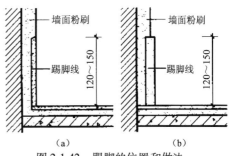

图 2-1-42　踢脚的位置和做法

（a）与墙齐平;（b）突出墙面

35

时,不受雨水冲刷,可不必设悬挑窗台。外墙面材料为贴面砖时,墙面易被雨水冲洗干净,也可不设悬挑窗台。

外窗台做法:砖平砌挑出,砖侧砌挑出,预制混凝土窗台板。挑出墙面60mm,两端比洞口长120mm,可连成通长腰线或分段腰线,也可做成外窗套(图2-1-44)。表面做排水坡度,底边做滴水。

内窗台:一般为水平放置,方便室内搁置物品使用。通常结合室内装修做成水泥砂浆抹灰、硬木板贴面、天然石板贴面或贴面砖等多种饰面形式。

外窗台与内窗台构造做法如图2-1-45所示。

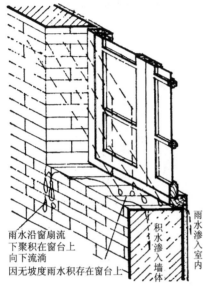

图 2-1-43　外窗台受雨水侵袭示意

图 2-1-44　外窗台可以做成窗套或连续腰线

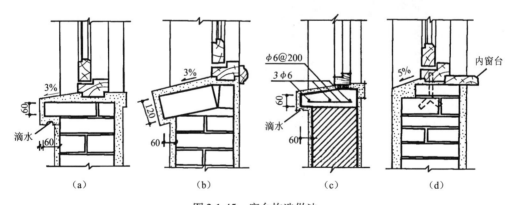

图 2-1-45　窗台构造做法

(3)门窗过梁

过梁是承重构件,用来支撑门窗洞口上墙体的荷载,承重墙上的过梁还要支撑楼板荷载。根据材料和构造方式不同,常用的过梁有钢筋混凝土过梁、平拱砖过梁、弧拱砖过梁和钢筋砖过梁。

① 钢筋混凝土过梁:钢筋混凝土过梁的承载能力强,可用于较宽的门窗洞口,对房屋不均匀下沉或振动有一定的适应性。预制装配式钢筋混凝土过梁施工速度快,是最常用的一种。图 2-1-46 所示为钢筋混凝土过梁的几种形式。

矩形截面过梁施工制作方便,是常用的形式。过梁宽度一般同墙厚、高度按结构计算确定,但应配合块材的规格,过梁两端伸进墙内的支撑长度不小于 240mm。在立面中往往有不同形式的窗,过梁的形式应配合处理。如有窗套的窗,过梁截面则为 L 形,挑出 60mm。又如带窗楣,可按设计要求出挑,一般可挑 300~500mm。

钢筋混凝土的导热系数大于块材的导热系数,在寒冷地区为了避免在过梁内表面产生凝结水,常采用 L 形过梁,使外露部分的面积减小,或把过梁全部包起来。

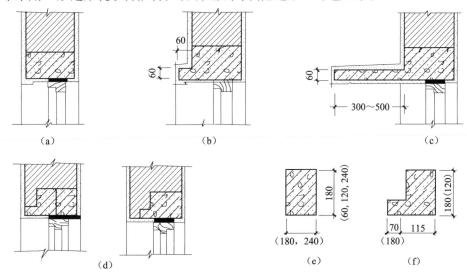

图 2-1-46 钢筋混凝土过梁

(a)平墙过梁;(b)带窗套过梁;(c)带窗楣过梁;(d)寒冷地区钢筋混凝土过梁;(e)(f)过梁截面

② 砖拱过梁:砖拱过梁分为平拱和弧拱两种(图 2-1-47)。

由竖砌的砖做拱圈,将砂浆灰缝做成上宽下窄的形式,上宽不大于 20mm,下宽不小于 5mm,砖不低于 MU7.5,砂浆不低于 M2.5,使侧砖向两边倾斜,相互挤压成拱的作用,两端下部伸入墙内 20~30mm,中部的起拱高度约为跨度的 1/50。

图 2-1-47 砖拱过梁

平拱砖过梁的优点是钢筋、水泥用量少,缺点是施工速度慢,用于非承重墙上的门窗洞口,洞口宽度应小于 1.2m。有集中荷载或半砖墙不宜使用。平拱砖过梁可以满足清水砖墙的统一外观效果。

③钢筋砖过梁:采用砖不低于 MU7.5,砂浆不低于 M5,在洞口上方先支木模,然后将砖进

行平砌,梁高为 5~7 皮砖或不小于 $L/4$,底部砂浆层中放置的钢筋不应少于 3 Φ 6,位置放在第一皮砖和第二皮砖之间,也可将钢筋直接放在第一皮砖下面的砂浆层内,同时要求钢筋伸入两端墙内不小于 240mm,并加弯钩。钢筋砖过梁净跨宜为 1.5~2m。钢筋砖过梁的砌法同砌砖墙一样,较为方便。实践证明,过梁上面无集中荷载以及清水墙的孔洞上,钢筋砖过梁施工方便,整体性较好(图 2-1-48)。

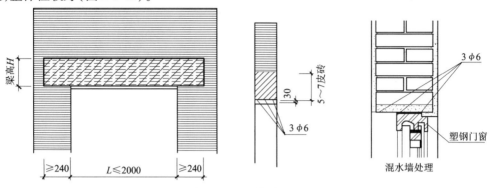

图 2-1-48　钢筋砖过梁

除了上述几种常用的过梁,在砖石承重的建筑中有时也会根据建筑风格和装饰的需要采用其他一些过梁形式,如传统的砖拱或石拱过梁,以及结合细部设计而制作的各种钢筋混凝土过梁的变化形式(图 2-1-49)。其中,由于砖拱过梁和石拱过梁对于建筑过梁洞口的跨度有一定限制,并且对基础的不均匀沉降适应性较差,因此这种过梁多见于历史建筑或者有历史风格要求的一些新建筑中。

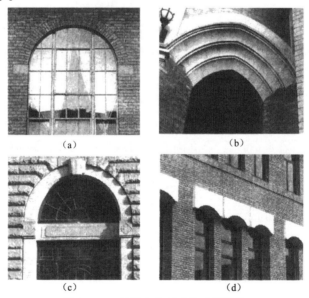

图 2-1-49　过梁变化形成的建筑装饰

(4)墙身加固措施构造

墙身加固包括水平加固和竖向加固,通常有三种措施,即增设门垛或壁柱、加设圈梁、设置构造柱。

① 门垛和壁柱(图 2-1-50):门垛又称墙垛,当在较薄的墙体上开设门洞时,为便于门框的安装和保证墙体的稳定,需要在靠墙转角处或丁字接头墙体的一边设置门垛。门垛宽度同墙厚,长度与块材尺寸规格相对应。如砖墙的门垛长度一般为 120mm 或 240mm。门垛不宜过长,以免影响室内使用。

壁柱是在墙身适当位置增设凸出墙面的柱子。当墙体受到集中荷载或墙体过长时(如 240mm 厚、长超过 6m)应增设壁柱(又称扶壁柱),使之和墙体共同承担荷载并稳定墙身、加固墙身。壁柱的尺寸应符合块材规格。如砖墙壁柱通常凸出墙面 120mm 或 240mm、宽 370mm 或 490mm。

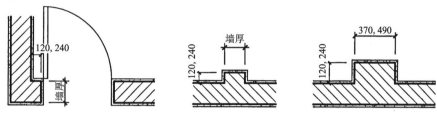

图 2-1-50　墙体的门垛和壁柱

② 圈梁:圈梁是沿建筑物外墙四周及部分内墙的水平方向设置的连续闭合的梁(图 2-1-51)。

圈梁配合楼板共同作用可提高建筑物的空间刚度和整体性,增加墙体的稳定性,并能减少因不均匀沉降而引起的墙身开裂。在抗震设防地区,圈梁与构造柱一起形成骨架,像箍一样把墙箍住,以提高墙体抗震能力。

圈梁有钢筋砖圈梁和钢筋混凝土圈梁两种:

a. 钢筋砖圈梁用 M5 砂浆砌筑,高度不小于五皮砖,在圈梁中设置 4Φ6 的通长钢筋,分上下两层布置,这种圈梁多用于非抗震地区,结合钢筋砖过梁,沿外墙形成。钢筋混凝土圈梁的宽度同墙厚且不小于 180mm,高度一般不小于 120mm,常用 180mm、240mm。

b. 钢筋混凝土外墙圈梁一般与楼板齐平,内墙圈梁一般在板下。在非抗震地区,当遇到门窗洞口致使圈梁局部被截断而不能闭合时,应在洞口上部增设相应截面的附加圈梁(图 2-1-52),其配筋和混凝土的等级不变。附加圈梁与圈梁搭接长度不应小于其垂直间距的 2 倍,且不得小于 1m。但在抗震设防地区,圈梁应完全闭合,不得被洞口所截断。

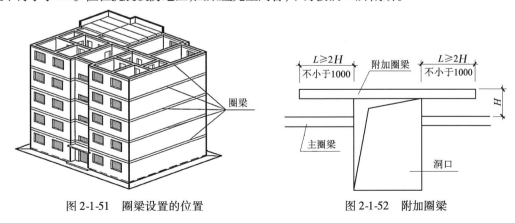

图 2-1-51　圈梁设置的位置　　　　图 2-1-52　附加圈梁

39

多层砖混结构房屋圈梁的位置和数量与房屋的高度、层数、地基状况和地震烈度有关。根据《砌体结构设计规范》(GB 50003—2011),一般3层以下在檐口标高处设置圈梁一道;当层数超过4层时,除应在底层和檐口标高处各设置一道圈梁外,至少应在所有纵、横墙上隔层设置,如表2-1-6所示。

表2-1-6 多层砖混结构房屋钢筋混凝土圈梁设置

圈梁设置及配筋	烈 度		
	6、7度	8度	9度
外墙及内纵墙	屋盖处及每层楼盖处	屋盖处及每层楼盖处	屋盖处及每层楼盖处
内横墙	同上; 屋盖处间距不大于4.5m; 楼盖处间距不大于7.2m; 构造柱对应部位	同上; 各层所有横墙且间距不大于4.5m; 构造柱对应部位。	同上,各层所有横墙
配筋	最小纵筋 4φ10 最大间距为250mm	最小纵筋 4φ12 最大间距为200mm	最小纵筋 4φ14 最大间距为150mm

说明:引自《建筑抗震设计规范》GB 50011—2010。

圈梁的构造如图2-1-53和图2-1-54所示。

图 2-1-53 圈梁

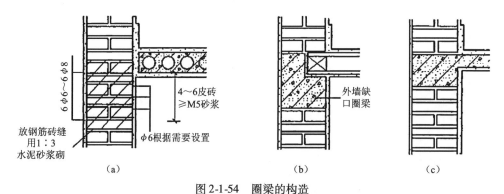

图 2-1-54 圈梁的构造
(a)钢筋砖圈梁;(b)钢筋混凝土圈梁;(c)钢筋混凝土圈梁

圈梁最好与门窗过梁统一考虑,可用圈梁代替门窗过梁,但过梁不能代替圈梁。

③ 构造柱:在抗震设防地区,为了增加建筑物的整体刚度和稳定性,在块材墙承重的墙体中,需要增设钢筋混凝土构造柱,使之与各层圈梁连接,形成封闭的空间骨架,从而提高墙体抗弯、抗剪和抗变形能力,使墙体在破坏过程中具有一定的延伸性,减缓墙体的酥碎现象产生。构造柱是防止房屋倒塌的一种有效措施。构造柱必须与各层圈梁及墙体紧密连接。为了提高抗震能力,构造柱下端应锚固在钢筋混凝土条形基础或基础梁内。

构造柱的截面尺寸应与墙体厚度一致。砖墙构造柱的最小截面尺寸为240mm×180mm,竖向主钢筋一般用4Φ12,箍筋为Φ6@250mm。随烈度加大和层数增加,房屋四角的构造柱可适当加大截面及配筋。为了增强墙体与柱之间的连接,施工时应先砌墙,预留马牙槎,放置构造柱钢筋骨架,然后再浇构造柱,并沿墙高每500mm从构造柱中设置2Φ6钢筋水平拉结,每边伸入墙内不少于1m(图2-1-55)。构造柱可不单独设置基础,但应伸入室外地面下500mm,或锚入浅于500mm的基础圈梁内。外墙转角处及内外墙处构造柱如图2-1-56所示。

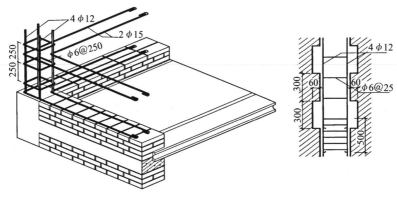

图 2-1-55　构造柱

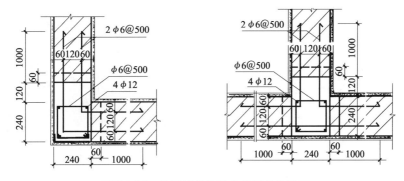

图 2-1-56　外墙转角处及内外墙处构造柱

构造柱设置的部位是:建筑物外墙的四角,内外墙交接处,楼梯间的四角、某些较长的墙体中部,错层部位横墙与外纵墙交接处,较大洞口两侧以及大房间内外墙交接处等,除此之外,根据房屋的层数和抗震设防烈度不同,构造柱的设置要求各不相同(表2-1-7)。

表 2-1-7　多层砖砌体构造柱设置要求

房屋层数				设置的部位	
6 度	7 度	8 度	9 度		
四、五	三、四	二、三		楼、电梯间四角,楼梯斜段上下端对应墙体处;	隔 12m 或单元横墙与外纵墙交接处;楼梯间对应另一侧内横墙与外纵墙墙交接处
六	五	四	二	外墙四角和对应转角;错层部位横墙与外纵墙交接处;	隔开间横墙(轴线)与外墙交接处;山墙与内纵墙交接处
七	≥六	≥五	≥三	较大洞口两侧;大房间内外墙交接处	内墙(轴线)与外墙交接处;内墙的局部较小墙垛处;内纵墙与横墙(轴线)交接处

说明:引自《建筑抗震设计规范》GB 50011—2010。

由于女儿墙的上部是自由端,而且位于建筑物的顶部,在地震时易受破坏。一般情况下,当女儿墙高(从屋顶结构面算起)超过 500mm 时,应增设钢筋混凝土构造柱,且构造柱应当通至女儿墙顶部,并与钢筋混凝土压顶相连,而且女儿墙内的构造柱间距应当加密,其间距不大于 3.9m。

④ 空心砌块墙混凝土芯柱。

当采用混凝土空心砌块时,应在房屋四大角,外墙转角、楼梯间四角设芯柱(图 2-1-57)。芯柱用 C15 细石混凝土填入砌块孔中,并在孔中插入通长钢筋。

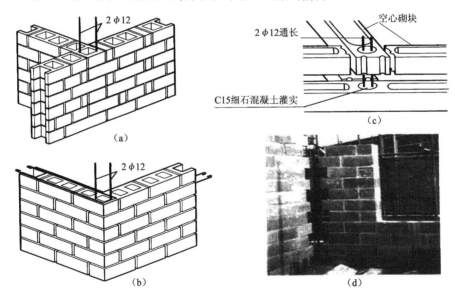

图 2-1-57　砌块构造柱与混凝土芯柱
(a)内外墙交接处构造柱;(b)外墙转角处构造柱;(c)混凝土芯柱构造;(d)构造柱实例

2.3.3　隔墙构造

隔墙是分隔室内空间的非承重构件。在现代建筑中,为了提高平面布局的灵活性,大量采用隔墙以适应建筑功能的变化。

隔墙具有以下特点和要求:①自重轻,有利于减轻楼板的荷载;②厚度薄,增加建筑的有效空间;③便于拆卸,能随使用要求的改变而变化;④有一定的隔声能力,使各使用房间互不干扰;⑤满足不同使用部位的要求,如卫生间的隔墙要求防水、防潮,厨房的隔墙要求防潮、防火等。

隔墙的类型很多,按其构成方式可分为块材隔墙、轻骨架隔墙和板材隔墙三大类。

1. 块材隔墙

块材隔墙是用普通砖、空心砖、加气混凝土等块材砌筑而成的,常用的有普通砖隔墙和砌块隔墙。目前框架结构中大量采用的框架填充墙,也是一种非承重块材墙,既作为外围护墙,又作为内隔墙使用。

(1)半砖隔墙

半砖隔墙用普通砖顺砌,砌筑砂浆宜大于 M2.5。在墙体高度超过 5m 时应加固,一般沿高度每隔 0.5m 砌入 φ6 钢筋两根,或每隔 1.2 ~ 1.5m 设一道 30 ~ 50mm 厚的水泥砂浆层,内放两根 φ6 钢筋。顶部与楼板相接处用立砖斜砌,填塞墙与楼板间的空隙。隔墙上有门时,要预埋铁件或将带有木楔的混凝土预制块砌入隔墙中以固定门框。半砖隔墙坚固耐久,有一定的隔声能力,但自重大,湿作业多,施工麻烦(图 2-1-58)。

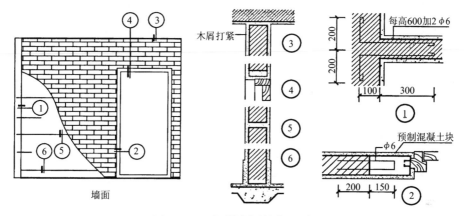

图 2-1-58 半砖隔墙(单位:mm)

(2)砌块隔墙

为了减少隔墙的重量,可采用质轻块大的各种砌块,目前最常用的是加气混凝土砌块、粉煤灰硅酸盐砌块、水泥炉渣空心砖等砌筑的隔墙。隔墙厚度由砌块尺寸而定,一般为 90 ~ 120mm。砌块大多具有质轻、孔隙率大、隔热性能好等优点,但吸水性强。因此,有防水、防潮要求时应在墙下先砌 3 ~ 5 皮吸水率小的砖。

砌块隔墙厚度较薄,也需采取加强稳定性措施,其方法与砖隔墙类似。

(3)框架填充墙

框架体系的围护和分隔墙体均为非承重墙,填充墙是用砖或轻质混凝土块材砌筑在结构框架梁柱之间的墙体,既可用于外墙,也可用于内墙,施工顺序为框架完工后砌填充墙体。

填充墙的自重传递给框架支撑。框架承重体系按传力系统的构成,可分为梁、板、柱体系和板、柱体系。梁、板、柱体系中,柱子成序列有规则地排列,由纵横两个方向的梁将它们连接成整体并支撑上部板的荷载。板、柱体系又称无梁楼盖,板的荷载直接传递给柱。框架填充墙是支撑在梁上或板、柱体系的楼板上的,为了减轻自重,通常采用空心砖或轻质砌块,墙体的厚度视块材尺寸而定,用于外围护墙等有较高隔声和热工性能要求时不宜过薄,一般在 200mm 左右。

轻质块材通常吸水性较强,有防水、防潮要求时应在墙下先砌3~5皮吸水率小的砖。

填充墙与框架之间应有良好的连接,以利将其自重传递给框架支撑,其加固稳定措施与半砖隔墙类似,竖向每隔500mm左右需从两侧框架柱中甩出1000mm长2φ6钢筋伸入砌体锚固,水平方向约2~3m需设置构造立柱,门框的固定方式与半砖隔墙相同,但超过3.3m以上的较大洞口需在洞口两侧加设钢筋混凝土构造立柱。

2. 轻骨架隔墙

轻骨架隔墙由骨架和面层两部分组成,由于是先立墙筋(骨架)后再做面层,因而又称立筋式隔墙(图2-1-59)。

(1)骨架

常用的骨架有木骨架和轻钢骨架。近年来,为节约木材和钢材,出现了不少采用工业废料和地方材料及轻金属制成的骨架,如石棉水泥骨架、浇注石膏骨架、水泥刨花骨架、轻钢和铝合金骨架等。

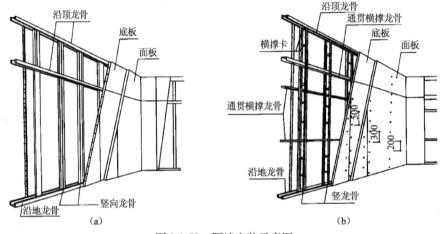

图2-1-59 隔墙安装示意图
(a)无配件骨架;(b)有配件骨架

木骨架由上槛、下槛、墙筋、斜撑及横档组成,上、下槛及墙筋断面尺寸为(45~50)mm×(70~100)mm,斜撑与横档断面相同或略小些,墙筋间距常用400mm,横档间距可与墙筋相同,也可适当放大。

轻钢骨架是由各种形式的薄壁型钢制成,其主要优点是强度高、刚度大、自重轻、整体性好、易于加工和大批量生产,还可根据需要拆卸和组装。常用的薄壁型钢有0.8~1mm厚槽钢和工字钢。图2-1-60所示为一种薄壁轻钢骨架的轻隔墙。其安装过程是先用螺钉将上槛、下槛(又称导向骨架)固定在楼板上,上下槛固定后安装钢龙骨(墙筋),间距为400~600mm,龙骨上留有走线孔。

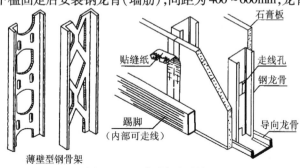

图2-1-60 薄壁轻钢骨架

（2）面层

轻骨架隔墙的面层一般为人造板材面层,常用的有木质板材、石膏板、硅酸钙板、水泥平板等几类。

木质板材有胶合板和纤维板,多用于木骨架。胶合板是用阔叶树或松木经旋切、胶合等多种工序制成,常用的是1830mm×915mm×4mm(三合板)和2135mm×915mm×7mm(五合板)。硬质纤维板是用碎木加工而成的,常用的规格是1830mm×1220mm×3mm(4.5mm)和213mm×915mm×4mm(5mm)。

石膏板有纸面石膏板和纤维石膏板,纸面石膏板是以建筑石膏为主要原料,加其他辅料构成芯材,外表面粘贴有护面纸的建筑板材,根据辅料构成和护面纸性能的不同,使其满足不同的耐水和防火要求。纸面石膏板不应用于高于45℃的持续高温环境。纤维石膏板是以熟石膏为主要原料,以纸纤维或木纤维为增强材料制成的板材,具备防火、防潮、抗冲击等优点。

硅酸钙板全称为纤维增强硅酸钙板,是以钙质材料、硅质材料和纤维材料为主要原料,经制浆、成坯与蒸压养护等工序制成的板材,具有轻质、高强、防火、防潮、防蛀、防霉、可加工性好等优点。

水泥平板包括纤维增强水泥加压平板(高密度板)、非石棉纤维增强水泥中密度与低密度板(埃特板),是由水泥、纤维材料和其他辅料制成,具有较好的防火及隔声性能。含石棉的水泥加压板材收缩系数较大,对饰面层限制较大,不宜粘贴瓷砖,且不应用于食品加工、医药等建筑内隔墙。埃特板的低密度板适用于抗冲击强度不高,防火性能高的内隔墙。其防潮及耐高温性能亦优于石膏板。中密度板适用于潮湿环境或易受冲击的内隔墙。表面进行压纹设计的瓷力埃特板,大大提高了对瓷砖胶的粘结力,是长期潮湿环境下板材以瓷砖做饰面时的极好选择。

隔墙的名称以面层材料而定,如轻钢龙骨纸面石膏板隔墙。

人造板与骨架的关系有两种:一种是在骨架的两面或一面,用压条压缝或不用压条压缝即贴面式;另一种是将板材置于骨架中间,四周用压条压住,称为镶板式,如图2-1-61所示。在骨架两侧贴面式固定板材时,可在两层板材中间填入石棉等材料,提高隔墙的隔声、防火等性能。

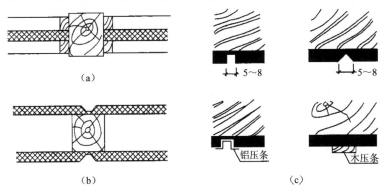

图2-1-61 人造面板与骨架连接形式(单位:mm)
(a)镶板式;(b)贴面式;(c)面板接缝

人造板在骨架上的固定方法有钉、粘、卡三种。采用轻钢骨架时,往往用骨架上的舌片或特制的夹具将面板卡到轻钢骨架上。这种做法简便、迅速,有利于隔墙的组装和拆卸。除木质木板材外,其他板材多采用轻钢骨架。图2-1-62所示为轻钢龙骨石膏板隔墙的构造示例。

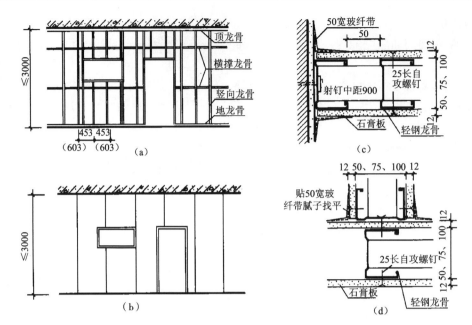

图 2-1-62　轻钢龙骨石膏板隔墙（单位:mm）
(a)龙骨排列;(b)石膏板排列;(c)靠墙节点;(d)丁字隔墙节点

3. 板材隔墙

板材隔墙是指单板高度相当于房间净高,面积较大,且不依赖骨架,直接装配而成的隔墙。目前,采用的大多为条板,如各种轻质条板、蒸压加气混凝土板和各种复合板材等。

（1）轻质条板隔墙

常用的轻质条板有玻纤增强水泥条板、钢丝增强水泥条板、增强石膏空心条板、轻骨料混凝土条板。条板的长度通常为 2200~4000mm,常用 2400~3000mm。宽度常用 600mm,一般按 100mm 递增,厚度最小为 60mm,一般按 10mm 递增,常用 60、90、120mm。其中空心条板孔洞的最小外壁厚度不宜小于 15mm,且两边壁厚应一致,孔间肋厚不宜小于 20mm。

增强石膏空心条板不应用于长期处于潮湿环境或接触水的房间,如卫生间、厨房等。轻骨料混凝土条板用在卫生间或厨房时,墙面须做防水处理。

条板墙体厚度应满足建筑防火、隔声、隔热等功能要求。单层条板墙体用做分户墙时其厚度不宜小于 120mm;用做户内分隔墙时,其厚度不小于 90mm。由条板组成的双层条板墙体用于分户墙或隔声要求较高的隔墙时,单块条板的厚度不宜小于 60mm。

轻质条板墙体的限制高度为:60mm 厚度时为 3.0m;90mm 厚度时为 4.0m;120mm 厚度时为 5.0m。

条板在安装时,与结构连接的上端用胶粘剂粘结,下端用细石混凝土填实或用一对对口木楔将板底楔紧。在抗震设防 6~8 度的地区,条板上端应加 L 形或 U 形钢板卡与结构预埋件焊接固定,或用弹性胶连接填实。对隔声要求较高的墙体,在条板之间以及条板与梁、板、墙、柱相结合的部位应设置泡沫密封胶、橡胶垫等材料的密封隔声层。确定条板长度时,应考虑留出技术处理空间,一般为 20mm,当有防水、防潮要求在墙体下部设垫层时,可按实际需要增加。图 2-1-63 所示为增强石膏空心条板的安装节点示例。

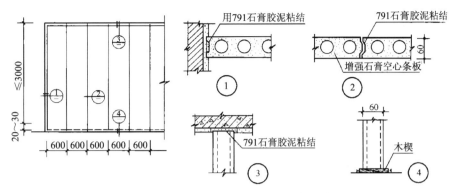

图 2-1-63　增强石膏空心条板的安装节点

（2）蒸压加气混凝土板隔墙

蒸压加气混凝土板是由水泥、石灰、砂、矿渣等加发泡剂（铝粉）经原料处理、配料浇注、切割、蒸压养护工序制成，与同种材料的砌块相比，板的块型较大，生产时需要根据其用途配置不同的经防锈处理的钢筋网片。这种板材可用于外墙、内墙和屋面。其自重较轻，可锯、可刨、可钉、施工简单，防火性能好（板厚与耐火极限的关系是：75mm—2h，100mm—3h，150mm—4h），由于板内的气孔是闭合的，能有效抵抗雨水的渗透。但不宜用于具有高温、高湿或有化学有害空气介质的建筑中。用于内墙板的板材宽度通常为 500、600mm，厚度为 75、100、120mm 等，高度按设计要求进行切割。安装时板材之间用水玻璃砂浆或 108 胶砂浆粘结，与结构的连接同轻质条板类同。图 2-1-64 所示为加气混凝土板隔墙的安装节点示例。

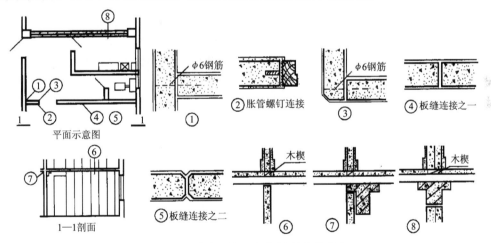

图 2-1-64　加气混凝土板隔墙的安装节点

（3）复合板材隔墙

由几种材料制成的多层板材为复合板材。复合板材的面层有石棉水泥板、石膏板、铝板、树脂板、硬质纤维板、压型钢板等。夹芯材料可用矿棉、木质纤维、泡沫塑料和蜂窝状材料等。

复合板材充分利用材料的性能，大多具有强度高、耐火性、防水性、隔声性能好的优点，且安装、拆卸方便，有利于建筑工业化。图 2-1-65 所示为几种日本生产的石棉水泥板面的复合板材。

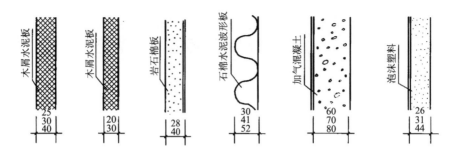

图 2-1-65　几种石棉水泥板(单位:mm)

我国生产的有金属面夹芯板,其上下两层为金属薄板,芯材为具有一定刚度的保温材料,如岩棉、硬质泡沫塑料等。根据面材和芯材的不同,板的长度一般在 12000mm 以内,宽度为 900、1000mm,厚度在 30～250mm 之间。金属夹芯板是一种多功能的建筑材料,具有高强、保温、隔热、隔声、装饰性能好等的优点。但泡沫塑料夹芯的金属复合板不能用于防火要求高的建筑。

隔断和隔墙相比,同样是空间划分的方式,但视线上可以保持连续不断,如图 2-1-66 所示。

图 2-1-66　隔断应用实例

隔断的材料非常丰富。木、竹、玻璃、玻璃砖、混凝土(如卫生间)、水磨石(如卫生间)、金属(如办公室、医院、餐厅等)、甚至家具也可以用做隔断。

2.3.4　墙体饰面装修

墙体饰面装修的作用是:

① 保护建筑结构构件不直接受到外力的磨损、碰撞和破坏,从而提高结构构件的耐久性,延长其使用年限。

② 改善墙体热工性能,满足房屋的使用功能要求。

③ 美化和装饰作用。

墙体表面的饰面装修因其位置不同有外墙面装修和内墙面装修两大类型。又因其饰面材料和做法不同,外墙面装修可分为抹灰类、贴面类和涂料类;内墙面装修则可分为抹灰类、贴面类、涂料类和裱糊类。

1. 抹灰类墙面装修

抹灰是用砂浆涂抹在房屋结构表面上的一种装修饰面做法。其材料来源广泛、施工简便、造价低,通过工艺的改变可以获得多种装饰效果,因此在建筑墙体装饰中应用广泛。

（1）抹灰的组成

为保证抹灰质量，做到表面平整、粘结牢固色彩、均匀、不开裂，施工时须分层操作。抹灰一般分三层，即底灰（层）、中灰（层）、面灰（层），如图 2-1-67 所示。

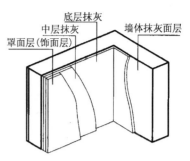

图 2-1-67　墙体抹灰饰面构造层次

底灰又称刮糙，主要起与基层粘结和初步找平作用。该层的材料与施工操作对整个抹灰质量有较大影响，其用料视基层情况而定，其厚度一般为 5～7mm。当墙体基层为砖、石时，可采用水泥砂浆或混合砂浆打底；当基层为骨架板条基层时，应采用石灰砂浆做底灰，并在砂浆中掺入适量麻刀（纸筋）或其他纤维，施工时将底灰挤入板条缝隙，以加强拉结，避免开裂、脱落。

中灰主要起进一步找平作用，材料基本与底层相同。根据施工质量要求可以一次抹成，亦可分层操作，所用的材料与底层材料相同，中灰厚度为 5～9mm。

面灰主要起装饰美观作用，要求平整、均匀、无裂痕。厚度一般为 2～8mm。面层不包括在面层上的刷浆、喷浆或涂料。

抹灰按质量要求和主要工序划分为两种标准，如表 2-1-8 所示。

高级抹灰适用于大型公共建筑物、纪念性建筑物、高级住宅、宾馆以及特殊要求的建筑物。普通抹灰一般用于普通住宅、办公楼、学校等。

表 2-1-8　抹灰的两种标准

标准　　层次	底灰	中灰	面灰	总厚度
普通抹灰	1 层	1 层	1 层	≤20mm
高级抹灰	1 层	数层	1 层	≤25mm

（2）常用抹灰种类、做法和应用

抹灰按照面层材料及做法分为一般抹灰和装饰抹灰。

一般抹灰是指采用砂浆对建筑物的面层进行罩面处理，其主要目的是对墙体表面进行找平处理并形成墙体表面的涂层。常用的有石灰砂浆抹灰、水泥砂浆抹灰、混合砂浆抹灰、纸筋石灰浆抹灰、麻刀石灰浆抹灰，构造层次如表 2-1-9 所示。

表 2-1-9　常用一般抹灰做法及选用表

部位		底层		中层		面层		总厚度（mm）
		砂浆种类	厚度（mm）	砂浆种类	厚度（mm）	砂浆种类	厚度（mm）	
内墙面	砖墙	石灰砂浆 1:3	6	石灰砂浆 1:3	10	纸筋灰浆/普通级做法一遍；中级做法二遍；高级做法三遍，最后一遍用滤浆灰。高级做法厚度为3.5	2.5	18.5
		混合砂浆 1:1:6	6	混合砂浆 1:3:6	10		2.5	18.5
	砖墙（高级）砖墙（防潮）	水泥砂浆 1:3	6	水泥砂浆 1:3	10		2.5	18.5
		混合砂浆 1:1:6	6	混合砂浆 1:1:6	10		2.5	18.5
	混凝土	水泥砂浆 1:3	6	水泥砂浆 1:2.5	10		2.5	18.5
	加气混凝土	混合砂浆 1:1:6	6	混合砂浆 1:1:6	10		2.5	18.5
		石灰砂浆 1:3	6	石灰砂浆 1:3	10		2.5	18.5
	钢丝网板条	水泥纸筋砂浆 1:3:4	8	水泥纸筋砂浆 1:3:4	10		2.5	18.5

续表

部位		底层		中层		面层		总厚度（mm）
		砂浆种类	厚度（mm）	砂浆种类	厚度（mm）	砂浆种类	厚度（mm）	
外墙面	砖墙	水泥砂浆1:3	6~8	水泥砂浆1:3	8	水泥砂浆1:2.5	10	24~26
	混凝土	混合砂浆1:1:6	6~8	混合砂浆1:1:6	8	水泥砂浆1:2.5	10	24~26
		水泥砂浆1:3	6~8	水泥砂浆1:3	8	水泥砂浆1:2.5	10	24~26
	加气混凝土	108胶溶液处理	—	5%108胶水泥刮腻子	—	混合砂浆1:1:6	8~10	8~10
梁柱	混凝土梁柱	混合砂浆1:1:4	6	混合砂浆1:1:5	10	纸筋砂浆，三次罩面，第三次滤浆灰	3.5	19.5
	砖柱	混合砂浆1:1:6	8	混合砂浆1:1:4	10		3.5	21.5
阳台雨篷	平面	水泥砂浆1:3	10	水泥纸筋砂浆1:2:4	10	水泥砂浆1:2	10	20
	顶面	水泥纸筋砂浆1:3:4	5		10	纸筋灰浆	2.5	12.5
	侧面	水泥砂浆1:3	5	水泥砂浆1:2.5		水泥砂浆1:2	10	21
其他	挑檐、腰线、窗套、窗台线、遮阳板	混合砂浆1:1:4	6	混合砂浆1:1:5	10	纸筋砂浆，三次罩面，第三次滤浆灰	3.5	19.5
		混合砂浆1:1:6	8	混合砂浆1:1:4	10		3.5	21.5

装饰抹灰更注重抹灰的装饰性，除具有一般抹灰的功能外，它在材料、工艺、外观、质感等方面具有特殊的装饰效果。饰面材料均是以石灰、水泥等为胶结材料，掺入砂、石骨料用水拌合后，采用抹（一般抹灰）、刷、磨、斩、粘等（装饰抹灰）不同方法施工，系现场湿作业。

装饰抹灰按面层材料的不同可分为石碴类（水刷石、水磨石、干粘石、斩假石），水泥、石灰类（拉条灰、拉毛灰、洒毛灰、假面砖、仿石）和聚合物水泥砂浆类（喷涂、滚涂、弹涂）等。常见装饰抹灰饰面做法如图2-1-68所示。石碴类饰面材料是装饰抹灰中使用较多一类，以水泥为胶结材料，以石碴为骨料做成水泥石碴浆作为抹灰面层，然后用水洗、斧剁、水磨等方法除去表面水泥浆皮，或者在水泥砂浆面上甩粘小粒径石碴，使饰面显露出石碴的颜色、质感，具有丰富的装饰效果，常用石碴类装饰抹灰构造层次如表2-1-10所示。

（a） （b） （c） （d）

图2-1-68 常见装饰抹灰饰面做法
（a）水刷石饰面；（b）剁斧石饰面；（c）干粘石饰面；（d）弹涂饰面

表 2-1-10　常用石碴类装饰抹灰做法及选用表

种类	做法说明	厚度（mm）	适用范围	备注
水刷石	底：1：3 水泥砂浆 中：1：3 水泥砂浆 面：1：2 水泥白石子用水刷洗	7 5 10	砖石基层墙面	用中 8 厘石子，当用小 8 厘石子时比例为 1：1.5，厚度为 8
干粘石	底：1：3 水泥砂浆 中：1：1：1.5 水泥石灰砂浆 面：刮水泥浆，干粘石压平实	10 7 1	砖石基层墙面	石子粒径 3～5mm，做中层时按设计分格
斩假石	底：1：3 水泥砂浆 中：1：3 水泥砂浆 面：1：2 水泥白石子用斧斩	7 5 12	主要用于外墙局部加门套、勒脚等装修 2. 涂料类墙面装修	

2. 涂料类墙面装修

涂料饰面是在木基层表面或抹灰饰面的面层上喷、刷涂料涂层的饰面装修（图 2-1-69）。根据需要可以配成多种色彩。涂料饰面涂层薄抗蚀能力差，外用乳液涂料使用年限一般为 4～10 年，但是由于涂料饰面施工简单、省工省料、工期短、效率高、自重轻、维修更新方便，故在饰面装修工程中得到较为广泛应用。按涂刷材料种类不同，可分为刷浆类饰面、涂料类饰面、油漆类饰面三类。

图 2-1-69　涂料类装修的室内室外应用举例

（1）刷浆饰面

刷浆饰面指在表面喷刷浆料或水性涂料的做法。适用于内墙刷浆工程的材料有石灰浆、大白浆、色粉浆、可赛银浆等。刷浆与涂料相比，价格低廉但不耐久。

① 石灰浆是用石灰膏化水而成，根据需要可掺入颜料。为增强灰浆与基层的粘结力，可在浆中掺入 108 胶或聚醋酸乙烯乳液，其掺入量约 20%～30%。石灰浆涂料的施工要待墙面干燥后进行，喷或刷两遍即成。石灰浆耐久性、耐水性以及耐污染性较差，主要用于室内墙面、顶棚饰面。

② 大白浆是由大白粉掺入适量胶料配制而成。大白粉为一定细度的碳酸钙粉末。常用胶料有 108 胶和聚醋酸乙烯乳液，其掺、渗入量分别为 15% 和 8%～10%，以掺乳胶者居多。大白浆可掺入颜料而成色浆。大白浆覆盖力强，涂层细腻洁白，且货源充足，价格低，施工、维修方便，广泛应用于室内墙面及顶棚。

③ 可赛银浆是由碳酸钙、滑石粉与酪素胶配制而成的粉末状材料。产品有白、杏黄、浅绿、天蓝、粉红等。使用时先用温水将粉末充分浸泡，使酪素胶充分溶解，再用水调制成需要浓度即可使用。可赛银浆质细、颜色均匀，其附着力以及耐磨、耐碱性均较好。主要用于室内墙面及顶棚。

（2）涂料类饰面

涂料是指涂敷于物体表面能与基层牢固粘结并形成完整而坚韧保护膜的材料。建筑涂料是现代建筑装饰材料较为经济的一种材料，施工简单、工期短、工效高、装饰效果好、维修方便。外墙涂料具有装饰性良好、耐污染耐老化、施工维修容易和价格合理的特点。

建筑涂料的种类很多，按成膜物质可分为有机涂料、无机高分子涂料、有机无机复合涂料。按建筑涂料所用稀释剂分类，可分为溶剂型涂料、水溶性涂料、水乳型涂料（乳液型）。按建筑涂料的功能分类，可分为装饰涂料、防火涂料、防水涂料、防腐涂料、防霉涂料、防结露涂料等。按涂料的厚度和质感可分为薄质涂料、厚质涂料、复层涂料等。

① 水溶性涂料：水溶性涂料有聚乙烯醇水玻璃内墙涂料、聚乙烯醇缩甲醛内墙涂料等，俗称 106 内墙涂料和 SJ — 803 内墙涂料。聚乙烯醇涂料是以聚乙烯醇树脂为主要成膜物质。这类涂料的优点是不掉粉，造价不高，施工方便，有的还能经受湿布轻擦，使用较为普遍，主要用于内墙饰面。

由丙烯酸树脂、彩色砂粒、各类辅助剂组成的真石漆涂料是两种具有较高装饰性的水溶性涂料，膜层质感与天然石材相似，色彩丰富，具有不燃、防水、耐久性好等优点，且施工简便，对基层的限制较少，适用于宾馆、剧场、办公楼等场所的内外墙饰面装饰。

② 乳液涂料：乳液涂料是以各种有机物单体经乳液聚合反应后生成的聚合物，它以非常细小的颗粒分散在水中，形成非均相的乳状液。将这种乳状液作为主要成膜物质配成的涂料称为乳液涂料。当填充料为细小粉末时，所配制的涂料能形成类似油漆漆膜的平滑涂层，故习惯上称为"乳胶漆"。

乳液涂料以水为分散介质、无毒、不污染环境。由于涂膜多孔而透气，故可在初步干燥的（抹灰）基层上涂刷。涂膜干燥快，对加快施工进度缩短工期十分有利。另外，所涂饰面可以擦洗，易清洁，装饰效果好。乳液涂料施工须按所用涂料品种性能及要求（如基层平整、光洁、无裂纹等）进行，方能达到预期的效果。乳液涂料品种较多，属高级饰面材料，主要用于内外墙饰面。若掺有类似云母粉、粗砂粒等粗填料所配得的涂料，能形成有一定粗糙质感的涂层，称为乳液厚质涂料，通常用于外墙饰面。

③ 溶剂性涂料：溶剂性涂料是以高分子合成树脂为主要成膜物质，有机溶剂为稀释剂，加入一定量颜料、填料及辅料，经辊轧塑化，研磨搅拌溶解配制而成的一种挥发性涂料。这类涂料一般有较好的硬度、光泽、耐水性、耐蚀性以及耐老化性。但施工时有机溶剂挥发，污染环境，施工时要求基层干燥，除个别品种外，在潮湿基层上施工易产生起皮、脱落。这类涂料主要用于外墙饰面。

④ 氟碳树脂涂料：是一类性能优于其他建筑涂料的新型涂料。由于采用具有特殊分子结构的氟碳树脂，该类涂料具有突出的耐候性、耐沾污性及防腐性能。作为外墙涂料其耐久性可达 15～20 年，可称之为超耐候性建筑涂料。特别适用于有高耐候性、高耐沾污性要求和有防腐要求的高层建筑及公共、市政建筑的构筑物。不足之处是价位偏高。

（3）油漆类饰面

油漆涂料是由胶粘剂、颜料、溶剂和催干剂组成的混合剂。油漆涂料能在材料表面干结成漆膜，使与外界空气、水分隔绝，从而达到防潮、防锈、防腐等保护作用。漆膜表面光洁、美观、光滑，改善了卫生条件，增强了装饰效果。常用的油漆涂料有调和漆、清漆、防锈漆等。

3. 陶瓷贴面类墙面装修

（1）面砖饰面

面砖多数是以陶土或瓷土为原料，压制成形后经焙烧而成。由于面砖不仅可以用于墙面装饰也可用于地面,所以被人们称之为墙地砖。常见的面砖有釉面砖、无釉面砖、仿花岗石瓷砖、劈离砖等。

　釉面砖是用于建筑物内墙装饰的薄板状精陶制品,有时又称瓷片。釉面砖的结构由两部分组成,即坯体和表面釉彩层。釉面砖除白色和彩色外,还有图案砖、印花砖以及各种装饰釉面砖等,主要用于高级建筑内外墙面以及厨房、卫生间的墙裙贴面。用釉面砖装饰建筑物内墙,可使建筑物具有独特的卫生、易清洗和清新美观的建筑效果。无釉面砖俗称外墙面砖,主要用于高级建筑外墙面装修。外墙面砖坚固耐用、色彩鲜艳、易清洗、防火、防水、耐磨、耐腐蚀、维修费用低。外墙面砖是高档饰面材料,一般用于装饰等级要求较高的工程,它不仅可以防止建筑物表面被大气侵蚀,而且可使立面美观。

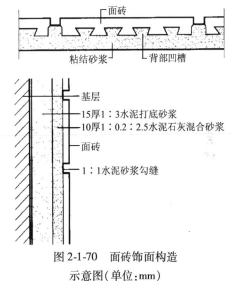

图 2-1-70　面砖饰面构造
示意图(单位:mm)

　面砖安装前先将表面清洗干净,然后将面砖放入水中浸泡,贴前取出晾干或擦干。面砖安装时用 1:3 水泥砂浆打底并划毛,后用 1:0.3:3 水泥石灰砂浆或用掺有 108 胶(水泥用量 5% ~10%)的 1:2.5 水泥砂浆满刮于面砖背面,其厚度不小于 10mm,然后将面砖贴于墙上,轻轻敲实,使其与底灰粘牢。一般面砖背面有凹凸纹路,更有利于面砖粘贴牢固。对贴于外墙的面砖常在面砖之间留出一定缝隙,以利湿气排除(图 2-1-70)。而内墙面为便于擦洗和防水则要求安装紧密,不留缝隙。面砖如被污染,可用浓度为10% 的盐酸洗刷,并用清水洗净。

　(2)陶瓷锦砖饰面

　陶瓷锦砖又称马赛克,是高温烧结而成的小型块材,为不透明的饰面材料,表面致密光滑、坚硬耐磨、耐酸耐碱、一般不易变色。它的尺寸较小,根据它的花色品种,可拼成各种花纹图案。铺贴时,先按设计的图案将小块的面材正面向下贴于 500mm×500mm 大小的牛皮纸上,然后牛皮纸面向外将陶瓷锦砖贴于饰面基层,待半凝后将纸洗去,同时修整饰面。陶瓷锦砖可用于墙面装修,更多用于地面装修。

　4. 石材贴面类墙面装修

　装饰用的石材有天然石材和人造石材之分,按其厚度有厚型和薄型两种,通常厚度在30~40mm 以下的称板材,厚度在 40~130mm 以上的称为块材。

　① 天然石材:天然石材饰面板不仅具有各种颜色、花纹、斑点等天然材料的自然美感,而且质地密实坚硬,故耐久性、耐磨性等均比较好,在装饰工程中的适用范围广泛。可用来制作饰面板材、各种石材线角、罗马柱、茶几、石质栏杆、电梯门贴脸等。但是由于材料的品种、来源的局限性,造价比较高,属于高级饰面材料。

　天然石材按其表面的装饰效果,可分为磨光和剁斧两种主要处理形式。磨光的产品又有粗磨板、精磨板、镜面板等区别。而剁斧的产品可分为磨面、条纹面等类型。也可以根据设计的需要加工成其他的表面。板材饰面的天然石材主要有花岗石、天理石及青石板。

　② 人造石材:人造石材属于复合装饰材料,它具有重量轻、强度高、耐腐蚀性强等优点。人造石材包括水磨石、合成石材等。人造石材的色泽和纹理不及天然石材自然柔和,但其花纹

和色彩可以根据生产需要人为地控制,可选择范围广,且造价要低于天然石材墙面。常见墙面装修做法如图 2-1-71 所示。

5. 清水砖墙饰面装修

清水砖墙在我国有悠久的历史。凡在墙体外表面不做任何外加饰面的墙体称为清水墙(图 2-1-72)。反之,谓之浑水墙。

为防止灰缝不饱满而可能引起的空气渗透和雨水渗入,须对砖缝进行勾缝处理。一般用 1:1 水泥砂浆勾缝。也可在砌墙时用砌筑砂浆勾缝,称为原浆勾缝。勾缝形式有平缝、平凹缝、斜缝、弧形缝等(图 2-1-73)。

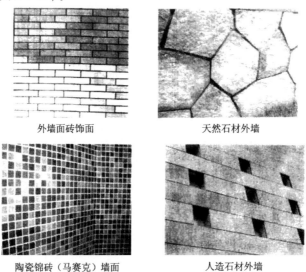

外墙面砖饰面　　　　　　天然石材外墙

陶瓷锦砖(马赛克)墙面　　　人造石材外墙

图 2-1-71　常见墙面装修做法

图 2-1-72　清水砖墙的应用举例

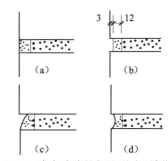

图 2-1-73　清水砖墙的勾缝形式(单位:mm)

(a)平缝;(b)平凹缝;(c)斜缝;(d)弧形缝

清水砖墙外观处理一般可从色彩、质感、立面变化取得多样化装饰效果。目前,清水砖墙材料多为红色,色彩较单调,但可以用刷透明色的办法改变色调。做法是用红、黄两种颜料如氧化铁红、氧化铁黄等配成偏红或偏黄的颜色,加上颜料重量 5% 的聚醋酸乙烯乳液,用水调成浆刷在砖面上。这种做法往往给人以面砖的错觉,若能和其他饰面相互配合、衬托,能取得较好的装饰效果。另外,清水砖墙砖缝多,其面积约占墙面 1/6,改变勾缝砂浆的颜色能有效地影响整个墙面色调的明暗度。如用白水泥勾白缝或水泥掺颜料勾成深色或其他颜色的缝。由于砖缝颜色突出,整个墙面质感效果也有一些变化。

要取得清水砖墙质感变化,还可在砖墙组砌上下工夫,如采用多顺一丁砌法以强调横线条;在结构受力允许条件下,改平砌为斗砌、立砌以改变砖的尺度感;或采用将个别砖成点成条凸出墙面几厘米的拨砌方式,形成不同质感和线型。以上做法要求大面积墙面平整规矩,并须严格砌筑质量,虽多费些工,但能求得一定装饰效果。

大面积成片红砖墙要取得很好效果,仅采取上述措施是不够的,还须在立面处理上做一些变化。如一个墙面可以保留大部分清水墙面,局部做浑水(抹灰)能取得立面颜色和质感的变化。

6. 幕墙装修

幕墙装修主要是外墙面装修的一种做法,如图 2-1-74 所示。有玻璃幕墙、金属幕墙等。其主要组成如下:

① 骨架材料:型钢、铝合金、木材等。

② 附属材料:连接件、密封材料等。

③ 面层材料:玻璃、金属、石材等。

图 2-1-74　幕墙实际应用举例

7. 特殊部位的墙面装修

对易受到碰撞的部位如门厅、走道的墙面和有防潮、防水要求如厨房、浴厕的墙面,为保护墙身,做成护墙墙裙(图 2-1-75)。

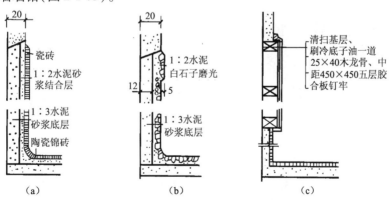

图 2-1-75　墙裙构造(单位:mm)
(a)瓷砖墙裙;(b)磨石墙裙;(c)木墙裙

55

对内墙阳角,门洞转角等处则做成护角(图 2-1-76)。墙裙和护角高度 2m 左右。根据要求护角也可用其他材料如木材制作。

在内墙面和楼地面交接处,为了遮盖地面与墙面的接缝、保护墙身以及防止擦洗地面时弄脏墙面做成踢脚线。其材料与楼地面相同。常见做法有三种,即与墙面粉刷相平、凸出、凹进(图 2-1-77),踢脚线高 120～150mm。为了增加室内美观,在内墙面和顶棚交接处,可做成各种外装饰线(图 2-1-78)。

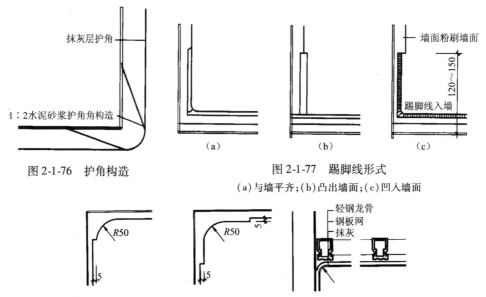

图 2-1-76　护角构造

图 2-1-77　踢脚线形式

(a)与墙平齐;(b)凸出墙面;(c)凹入墙面

图 2-1-78　内墙与顶棚交接处的装饰线形式(单位:mm)

2.3.5　墙体变形缝

由于温度变化、地基不均匀沉降和地震因素的影响,易使建筑物发生裂缝或破坏,故在设计时应事先将房屋划分成若干个独立的部分,使各部分能自由地变化。这种将建筑物垂直分开的预留缝称为变形缝(图 2-1-79)。

图 2-1-79　墙体变形缝实例

变形缝包括温度伸缩缝、沉降缝和防震缝三种。

(1)伸缩缝

为防止建筑构件因温度变化、热胀冷缩使房屋出现裂缝或破坏,在沿建筑物长度方向隔一定距离预留垂直缝隙,这种因温度变化而设置的缝称为温度缝或伸缩缝。

伸缩缝是从基础顶面开始,将墙体、楼盖、屋盖全部构件断开,因为基础埋于地下,受温度影响较小,不必断开。伸缩缝的宽度一般为20~30mm。

(2)沉降缝

为防止建筑物各部分用于地基不均匀沉降引起房屋破坏所设置的竖向缝称为沉降缝。沉降缝将房屋从基础到屋顶的构件全部断开,使两侧各为独立的单元,可以在垂直方向自由沉降。当建筑物位于不同种类的地基土上,或在不同时间内修建的房屋各连接部位应设置沉降缝;当建筑物形体比较复杂,在建筑平面转折部位和高度、荷载有很大差异处应设置沉降缝;建筑物相邻两部分的基础形式不同、宽度和埋深相差悬殊时,或新建建筑物与原有建筑物相毗连时应设置沉降缝。

沉降缝的宽度与地基情况及建筑物高度有关,地基越弱的建筑物,沉陷的可能性越高,沉陷后所产生的倾斜距离越大,要求的缝宽越大。沉降缝的宽度一般为30~70mm,如表2-1-11所示。

表2-1-11　沉降缝的宽度

地基性质	房屋高度 H	缝宽 B(mm)
一般地基	<5m	30
	5~10m	50
	10~15m	70
软弱地基	2~3层	50~80
	4~5层	80~120
	5层以上	>120
湿陷性黄土地基		≥30~70

注:沉降缝两侧单元层数不同时,由于层高影响,低层倾斜往往很大,因此宽度按层高确定。

(3)防震缝

在抗震设防烈度7~9度地区内应设防震缝。在此区域内,当建筑物高差在6m以上,或建筑物有错层,且楼板错层高差较大或构造形式不同、或承重结构的材料不同时,一般在水平方向会有不同的刚度。因此这些建筑物在地震的影响下,会有不同的振幅和振动周期。这时如果将房屋的各部分相互连接在一起,则会产生裂缝、断裂等现象,因此应设防震缝,将建筑物分为若干体型简单、结构刚度均匀的独立单元。

一般情况下防震缝仅在基础以上设置,但防震缝应同伸缩缝和沉降缝协调布置,做到一缝多用。当防震缝与沉降缝结合设置时,基础也应断开。

防震缝的宽度B,在多层砖墙房屋中,按设防烈度的不同取50~70mm。在多层钢筋混凝土框架建筑中,建筑物高度不大于15m时,缝宽为70mm。当建筑物高度超过15m时,设防烈度为7度,建筑物每增高4m,缝宽在70mm基础上增加20mm;设防烈度为8度,建筑物每增高3m,缝宽在70mm基础上增加20mm;设防烈度为9度,建筑物每增高2m,缝宽在70mm基础上增加20mm。

墙体变形缝的位置如图2-1-80所示。

墙体变形缝的构造,在外墙与内墙的处理中,由于位置不同而各有侧重。缝的宽度不同,构造处理也不同。砖砌外墙厚度在一砖以上者,应做成错口缝或企口缝的形式,厚度在一砖或小于一砖时可做成平缝。外墙变形缝为保证墙体自由变形,并防止风雨影响室内,应用沥青麻丝填嵌缝隙。当变形缝宽度较大时,应考虑盖缝处理。企口缝可采用镀锌薄钢板或铅板盖缝调节。内墙变形缝着重表面处理,可采用木条或金属盖缝,仅一边固定在墙上,允许自由移动,如图 2-1-81 所示。

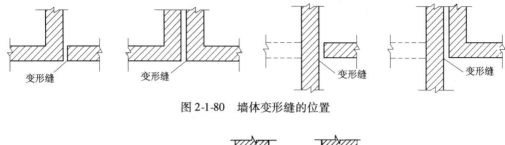

图 2-1-80　墙体变形缝的位置

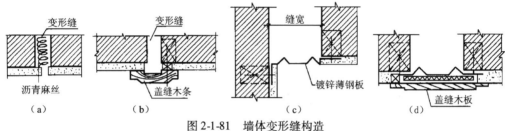

图 2-1-81　墙体变形缝构造

(a)变形缝较小时;(b)变形缝较大时;(c)墙角变形缝的处理;(b)变形缝很大时

任务实施

由教师指定各组考察对象(如附近教学楼、图书馆、宿舍、体育馆、医院、办公楼、影剧院、技术馆、住宅等),学生以 4～6 人为一组对建筑细部考察参观、拍照并做成 PPT 汇报交流,组长负责组织。

任务评价

评价等级	评　价　内　容
优秀(90～100)	不需要他人指导,组员之间团结协作,能够正确按照任务描述按时完成任务;PPT 制作条理清晰、图文并茂、画面重点突出;汇报过程语言表达准确、流畅;并能指导他人完成任务
良好(80～89)	需要他人指导,组员之间团结协作,能够正确按照任务描述按时完成任务;PPT 制作条理清晰、图文并茂、画面重点突出;汇报过程语言表达准确、流畅
中等(70～79)	在他人指导下,组员之间团结协作,能够按照任务描述按时完成任务;PPT 制作图文并茂,画面重点突出,汇报过程语言表达流畅
及格(60～69)	在他人指导下,能够按照任务描述按时完成任务;PPT 制作图文并茂,汇报过程语言表达流畅

思考与练习

1. 建筑的基本构造组成有哪些? 各自作用是什么?
2. 墙体如何分类?
3. 隔墙与隔断的区别是什么?
4. 墙面装修类型和适用范围是什么?
5. 墙体变形缝的位置、作用是什么?

任务 2　分组考察周边不同建筑的楼地层

任务目标

了解建筑构造组成——楼地层的位置和作用。

任务要求

① 考察建筑内部 3 处不同空间的楼地层的装修材料和做法,并图示出该处楼地层的构造层次。

② 考察建筑内部 3 处不同空间的顶棚的造型、装修材料、做法。

③ 考察雨篷的位置、造型、材料、做法。

④ 考察楼地层的变形缝位置,并与墙体变形缝联系对比。

知识与技能

2.4　楼地层

楼地层包括楼板层和地坪层,是水平方向分隔房屋空间的承重构件。其中,楼板层分隔上下楼层空间(图 2-2-1),地坪层分隔大地与底层空间。

由于它们均是供人们在上面活动的,因而有相同的面层,但由于它们所处位置不同、受力不同,因而结构层有所不同。楼板层的结构层为楼板,楼板将所承受的上部荷载及自重传递给墙或柱,并由墙柱传给基础。楼板层有隔声等功能要求;地坪层的结构层为垫层,垫层将所承受的荷载及自重均匀地传给夯实的地基。

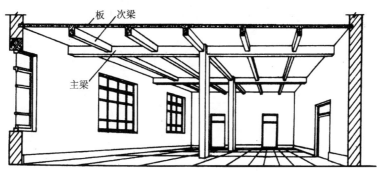

图 2-2-1　楼板层起水平承重、分隔空间作用

2.4.1　楼板层的基本组成及设计要求

1. 楼板层的基本组成

楼板层通常由面层、楼板、顶棚三部分组成,如图 2-2-2 所示。

① 面层:又称楼面或地面。起着保护楼板、承受并传递荷载的作用,同时对室内有很重要的清洁及装饰作用。

② 楼板:它是楼板层的结构层,一般包括梁和板。主要功能在于承受楼板层上的全部静、活荷载,并将这些荷载传给墙或柱,同时还对墙身起水平支撑的作用,增强房屋刚度和整体性。

③ 顶棚:它是楼板层的下面部分。根据其构造不同,有抹灰顶棚、粘贴类顶棚和吊顶棚三种。

多层建筑中楼盖层往往还需设置管道敷设、防水、隔声、保温等各种附加层。

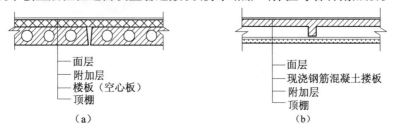

图 2-2-2　楼板层的组成

(a)无吊顶的楼板层;(b)有吊顶的楼板层

2. 楼板层的设计要求

(1)楼板要具有足够的强度(承载力)和刚度

楼板具有足够的承载力和刚度才能保证楼板的安全和正常使用。

足够的承载力指楼板能够承受使用荷载和自重。使用荷载因房间的使用性质不同而各异,自重系指楼板层材料的自重。

足够的刚度即是指楼板的变形应在允许的范围内,它是用相对挠度(即绝对挠度与跨度的比值)来衡量的。

(2)满足隔声要求

为了防止噪声通过楼板传到上下相邻的房间,影响其使用,楼板层应具有一定的隔声能力。

不同使用性质的房间对隔声的要求不同,但均应满足各类建筑房间的允许噪声级和撞击声隔声量(表 2-2-1 和表 2-2-2)。

表 2-2-1　室内允许噪声级(昼间)

建筑类别	房间名称	允许噪声级(A 声级)(dB)			
		特级	一级	二级	三级
住宅	卧室、书房(或卧室兼起居室)起居室		≤40 ≤45	≤45 ≤50	≤50 ≤50
学校	有特殊安静要求的房间		≤40		
	一般教室			≤50	—
	无特殊安静要求的房间		—	—	≤55
医院	病房、医护人员休息室		≤40	≤45	≤50
	门诊室		≤55	≤55	≤60
	手术室		≤45	≤45	≤50
	听力测听室		≤25	≤25	≤30
旅馆	客房	≤35	≤40	≤45	≤55
	会议室	≤40	≤45	≤50	≤50
	用途大厅	≤40	≤45	≤50	
	办公室	≤45	≤50	≤55	≤55
	餐厅、宴会厅	≤50	≤55	≤60	

表 2-2-2　撞击声隔声标准表

建筑名称	楼板部位	计权标准化撞击声压级（dB）			
		特级	一级	二级	三级
住宅	分户层间楼板		≤65	≤75	≤75
学校	有特殊安静要求的房间与一般教室之间		≤65	—	—
	一般教室与产生噪声的活动室之间		—	≤65	—
	一般教室与教室之间		—	—	≤75
医院	病房与病房之间		≤65	≤75	≤75
	病房与手术室之间			≤75	≤75
	听力测听室上部楼板		≤65	≤65	≤65
旅馆	客房层间楼板	≤55	≤65	≤75	≤75
	客房与各种有振动房间之间的楼板	≤55	≤55	≤65	≤65

注：① 特殊安静要求房间指语音教室、录音室、阅览室等。
　　② 一般教室指普通教室、自然教室、音乐教室、琴房、阅览室、视听教室、美术教室、舞蹈教室等。
　　③ 无特殊要求的房间指健身房、以操作为主的实验室、教师办公室及休息室等。

噪声的传播途径有空气传声和固体传声两种。空气传声如说话声及吹号、拉提琴等乐器声都是通过空气来传播的。隔绝空气传声可采取使楼板密实、无裂缝等构造措施来达到。固体传声系指步履声、移动家具对楼板的撞击声、缝纫机和洗衣机等振动对楼板发出的噪声等是通过固体（楼板层）传递的。由于声音在固体中传递时，声能衰减很少，所以固体传声较空气传声的影响更大。因此，楼板层隔声主要是针对固体传声。主要措施如下：

① 在楼板面铺设弹性面层，以减弱撞击楼板时所产生的声能，减弱楼板的振动，如铺设地毯、橡皮、塑料等，如图 2-2-3（a）所示。这种方法比较简单，隔声效果也较好，同时还起到了装饰美化室内空间的作用，是采用得较广泛的一种方法。

② 设置片状、条状或块状的弹性垫层，其上做面层形成浮筑式楼板，如图 2-2-3（b）所示。这种楼板是通过弹性垫层的设置来减弱由面层传来的固体声能达到隔声的目的。效果较好，但施工较麻烦，采用较少。

③ 结合室内空间的要求，在楼板下设置吊顶棚（吊顶），使撞击楼板产生的振动不能直接传入下层空间。在楼板与顶棚间留有空气层，吊顶与楼板采用弹性挂钩连接，使声能减弱。对隔声要求高的房间，还可在顶棚上铺设吸声材料加强隔声效果，如图 2-2-3（c）所示。

（3）具有一定的防火能力

楼板层应根据建筑物的等级、对防火的要求进行设计。建筑物的耐火等级对构件的耐火极限和燃烧性能有一定的要求。

（4）满足热工、防水要求

楼板层还应满足一定的热工要求。对于有一定温、湿度要求的房间，常在楼板层中设置保温层，使楼面的温度与室内温度一致，减少通过楼板的冷热损失。一些房间，如厨房、厕所、卫生间等地面潮湿、易积水，应处理好楼板层的防渗漏问题。

（5）满足建筑经济的要求

在一般情况下，多层房屋楼盖的造价占房屋土建造价的 20% ~ 30%。因此，应注意结合建筑物的质量标准、使用要求以及施工技术条件，选择经济合理的结构形式和构造方案，尽量减少材料的消耗和楼盖层的自重,并为工业化创造条件,以加快建设速度。

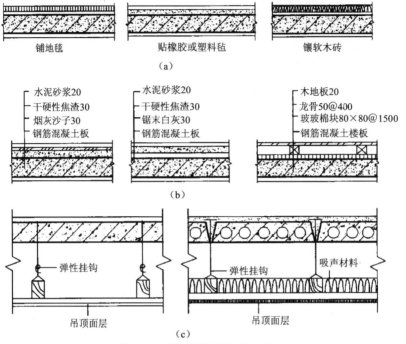

图 2-2-3 楼板隔绝固体传声构造

(a)弹性面层体隔声构造;(b)浮筑式楼板体隔声构造;(c)吊顶棚体隔声构造

3. 楼板的类型及选用

根据使用的材料不同,楼板分木楼板、钢筋混凝土楼板、压型钢板组合楼板等。

（1）木楼板

木楼板是在由墙或梁支撑的木搁栅上铺钉木板形成的楼板(图 2-2-4)。木搁栅间是由设置增强稳定性的剪刀撑构成的。木楼板具有自重轻、保温性能好、舒适、有弹性、节约钢材和水泥等优点。但易燃、易腐蚀、易被虫蛀、耐久性差,特别是需耗用大量木材。所以,此种楼板仅在木材产区采用。

（2）钢筋混凝土楼板

钢筋混凝土楼板具有强度高、防火性能好、耐久、便于工业化生产等优点。此种楼板形式多样,是我国应用最广泛的一种楼板。

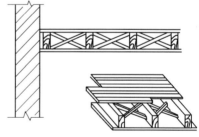

图 2-2-4 木楼板

按施工方式分为现浇整体式、预制装配式和装配整体式。

现浇钢筋混凝土楼板:整体性好、刚度大、利于抗震、梁板布置灵活、能适应各种不规则形状和需留孔洞等特殊要求的建筑,但模板材料的耗用量大。常见的现浇钢筋混凝土楼板类型有三种形式:

① 板式楼板:此时,楼板直接将荷载传递给墙体。结构层底部平整,可以得到最大的使用净高。但只是适用于有许多小开间的房间的建筑物,特别是墙承重体系的建筑物,例如住宅、旅馆等,或其他建筑的走道、厨房、卫生间等小空间。

② 现浇肋梁楼板:由板、次梁、主梁现浇而成(图 2-2-5)。

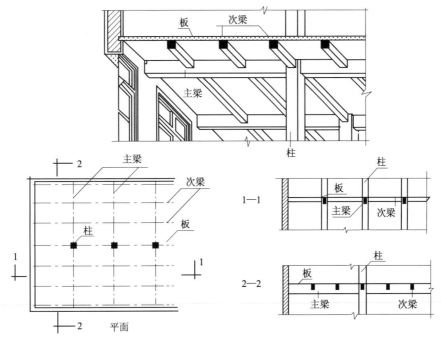

图 2-2-5　现浇肋梁楼板

此时,荷载传递途径是:板→次梁→主梁→墙或柱→基础。

当主次梁不分时,就形成肋梁楼板的一种特例——井式楼板(图 2-2-6)。此种楼板的梁布置图案美观,有装饰效果,并且由于两个方向的梁互相支撑,为创造较大的建筑空间创造了条件。常有一些大厅采用井式楼板,其跨度可达 20 ~ 30m,梁的间距一般为 3m 左右。

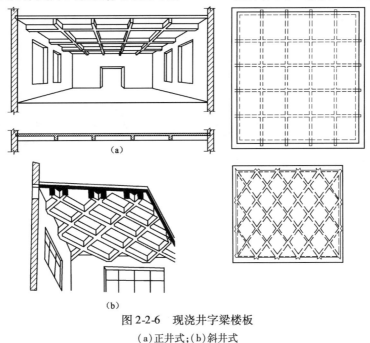

(a)

(b)

图 2-2-6　现浇井字梁楼板

(a)正井式;(b)斜井式

③ 无梁楼板:不设梁,形式上是取消了柱间及板底的梁,以结构柱与楼板的组合,是一种双向受力的板柱结构。为了提高柱顶处平板的受冲切承载力,往往在柱顶设置柱帽(图 2-2-7)。

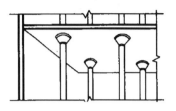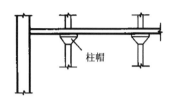

图 2-2-7　无梁楼板

装配式钢筋混凝土楼板能节省模板,并能改善构件制作时工人的劳动条件,有利于提高劳动生产率和加快施工进度,但楼板的整体性较差,房屋的刚度也不如现浇式的房屋刚度好(图 2-2-8)。

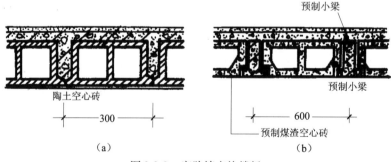

图 2-2-8　装配式钢筋混凝土楼板

一些房屋为节省模板,加快施工进度和增强楼板的整体性,常做成为装配整体式楼板。有密肋填充块楼板和叠合式楼板两种(图 2-2-9 和图 2-2-10)。其中,密肋填充块楼板由密肋楼板和填充块叠合而成。

（a）　　　　　　　　　　　　　　　（b）

图 2-2-9　密肋填充块楼板

将预制薄板与现浇混凝土面层叠合而成的装配整体式楼板,形成叠合式楼板,则既省模板,整体性又好,但施工较麻烦。叠合式楼板的预制钢筋混凝土薄板既是永久性模板承受施工荷载,也是整个楼板结构的一个组成部分。预应力混凝土薄板内配以高强钢丝作为预应力筋,同时也是楼板的跨中受力钢筋,板面现浇混凝土叠合层,只需配置少量的支座负弯矩钢筋。所有楼盖层中的管线均事先埋在叠合层内,现浇层内预制薄板底面平整,作为顶棚可直接喷浆或粘贴装饰顶棚壁纸。预制薄板叠合楼板常在住宅、宾馆、学校、办公楼、医院以及仓库等建筑中应用。

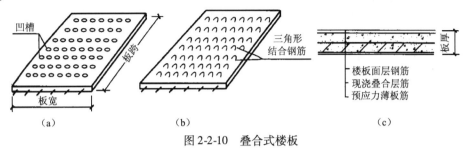

图 2-2-10　叠合式楼板

(a)板面刻槽楼板;(b)板面露出三角形结合钢筋;(c)叠合组合楼板结合钢筋

(3)压型钢板组合楼板

压型钢板组合楼板的做法是用截面为凹凸形压型钢板与现浇混凝土面层组合形成整体性很强的一种楼板结构。压型钢板的作用既为面层混凝土的模板,又起结构作用,从而增加楼板的侧向和竖向刚度,使结构的跨度加大、梁的数量减少、楼板自重减轻、加快施工进度,在高层建筑中得到广泛的应用,如图 2-2-11 所示。

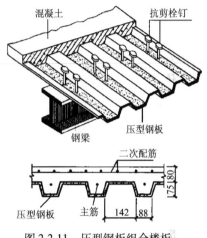

压型钢板组合式楼板的整体连接是由栓钉(又称抗剪螺钉)将钢筋混凝土、压型钢板和钢梁组合成整体。栓钉是组合楼板的剪力连接件,楼面的水平荷载通过它传递到梁、柱、框架,所以又称剪力螺钉。其规格、数量是按楼板与钢梁连接处的剪力大小确定,栓钉应与钢梁牢固焊接。

图 2-2-11　压型钢板组合楼板

2.4.2　地坪层的构造

一般来说,地坪层由面层、垫层和素土夯实层构成。根据需要还可以设各种附加构造层,如找平层、结合层、防潮层、保温层、管道敷设层等,如图 2-2-12 所示。

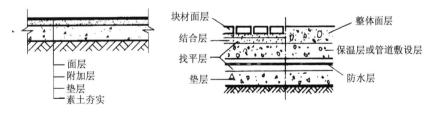

图 2-2-12　地坪层构造

其中,素土夯实层是地坪的基层,又称地基。素土即为不含杂质的砂质黏土,经夯实后,才能承受垫层传下来的地面荷载。通常是填 300mm 厚的土夯实成 200mm 厚,使之能均匀承受荷载。

垫层是承受并传递荷载给地基的结构层,垫层有刚性垫层和非刚性垫层之分。刚性垫层常用低强度等级混凝土,一般采用 C15 混凝土,其厚度为 80～100mm;非刚性垫层,常用 50mm 厚砂垫层、80～100mm 厚碎石灌浆、50～70mm 厚石灰炉渣、70～120mm 厚三合土(石灰、炉渣、碎石)。刚性垫层用于地面要求较高及薄而性脆的面层,如水磨石地面、瓷砖地面、大理石地面等。非刚性垫层常用于厚而不易断裂的面层,如混凝土地面、水泥制品块地面等。对某些室内荷载大且地基又较差的并且有保温等特殊要求的地方,或面层装修标准较高的地面,可在地基上先做非刚性垫层,再做一层刚性垫层,即复式垫层。

面层则与装修紧密相关。

根据需要也可以做成架空地坪层——即在素土夯实(或灰土垫层)上砌筑地垄墙(或砖墩架梁),然后铺设预制空心板(或架设木地板),如图 2-2-13 所示。

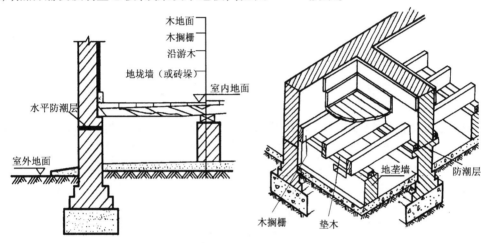

图 2-2-13　架空地坪层构造

建筑物底层下部有管道通过的区域,不得做架空板,而必须做实铺地面。

2.4.3　楼地面装修

楼地面装修主要是指楼板层和地坪层的面层。面层一般包括面层和面层下面的找平层两部分。

作为人们日常生活、工作、生产直接接触的地方,面层应坚固耐磨、表面平整、光洁、易清洁、不起尘。根据不同房间功能要求,对面层有不同的要求。如对于居住和人们长时间停留的房间,要求有较好的蓄热性和弹性;浴室、厕所则要求耐潮湿、不透水;厨房、锅炉房要求地面防水、耐火;实验室则要求耐酸碱、耐腐蚀等。

楼地面的名称是以面层的材料和做法来命名的:如面层为水磨石,则该地面称为水磨石地面;面层为木材,则称为木地面。

地面按其材料和做法分为四大类型,即整体地面、块料地面、塑料地面和木地板地面,如图 2-2-14 所示。

1. 整体地面

整体地面包括水泥砂浆地面、水泥石屑地面,水磨石地面等现浇地面。

(1)水泥砂浆地面

水泥砂浆地面通常用做对地面要求不高的房间或进行二次装饰的商品房的地面。原因在于水泥砂浆地面构造简单、坚固、能防潮防水而造价又较低。但水泥地面蓄热系数大,冬天感觉冷,空气湿度大时易产生凝结水,而且表面起灰,不易清洁。

图 2-2-14　常用的地面装修

水泥砂浆地面:即在混凝土垫层或结构层上抹水泥砂浆。一般有单层和双层两种做法。单层做法只抹一层 20～25mm 厚 1∶2 或 1∶2.5 水泥砂浆;双层做法是增加一层 10～20mm 厚 1∶3 水泥砂浆找平层,表面只抹 5～10mm 厚 1∶2 水泥砂浆。双层做法虽增加了工序,但不易开裂。

(2)水泥石屑地面

水泥石屑地面是以石屑替代砂的一种水泥地面,又称豆石地面或瓜米石地面。这种地面性能近似水磨石,表面光洁,不起尘,易清洁,但造价仅为水磨石地面的 50%。水泥石屑地面构造也有一层和双层做法之别:一层做法是在垫层或结构层上直接做 25mm 厚 1∶2 水泥石屑提浆抹光;两层做法是增加一层 15～20mm 厚 1∶3 水泥砂浆找平层,面层铺 15mm 厚 1∶2 水泥石屑,提浆抹光即成。

(3)水磨石地面

水磨石地面具有良好的耐磨性、耐久性、防水防火性,并具有质地美观,表面光洁,不起尘,易清洁等优点。通常应用于居住建筑的浴室、厨房、厕所和公共建筑门厅、走道及主要房间地面、墙裙等。图案举例如图 2-2-15 所示。

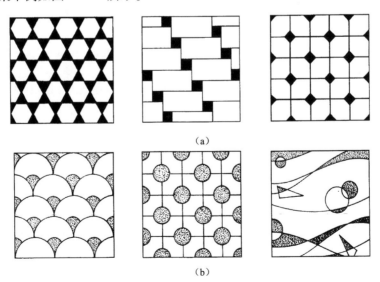

图 2-2-15　水磨石地面图案举例

(a)直线分格(适用玻璃条、铜条、铝条);(b)曲线分格(仅适用铜条、铝条)

水磨石地面一般分两层施工。在刚性垫层或结构层上用 10~20mm 厚的 1：3 水泥砂浆找平，面铺 10~15mm 厚 1：(1.5~2)的水泥白石子，待面层达到一定承载力后加水用磨石机磨光、打蜡即成（图 2-2-16）。所用水泥为普通水泥，所用石子为中等硬度的方解石、大理石、白云石屑等。

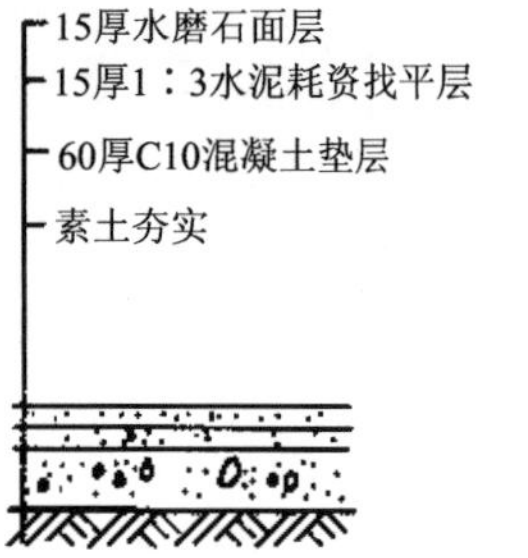

15厚水磨石面层
15厚1：3水泥耗资找平层
60厚C10混凝土垫层
素土夯实

图 2-2-16 水磨石地面构造

为适应地面变形可能引起的面层开裂以及施工和维修方便，做好找平层后，用嵌条把地面分成若干小块，尺寸为 1000mm 左右。分块形状可以设计成各种图案。嵌条用料常为玻璃、塑料或金属条（铜条、铝条），嵌条高度同磨石面层厚度，用 1：1 水泥砂浆固定。嵌固砂浆不宜过高，否则会造成面层在嵌条两侧仅有水泥而无石子，影响美观。如果将普通水泥换成白水泥，并掺入不同颜料做成各种彩色地面，谓之美术水磨石地面，但造价较普通水磨石高约 4 倍。

2. 块料地面

块料地面是把地面材料加工成块(板)状，然后借助胶结材料贴或铺砌在结构层上。胶结材料既起胶结又起找平作用，也有先做找平层再做胶结层的。常用胶结材料有水泥砂浆、沥青玛琋脂等，也有用细砂和细炉渣作结合层的。块料地面种类很多，常用的有黏土砖、水泥砖、大理石、缸砖、陶瓷锦砖、陶瓷地砖等。

（1）黏土砖地面

黏土砖地面用普通标准砖，有平砌和侧砌两种。这种地面施工简单，造价低廉，适用于要求不高或临时建筑地面以及庭园小道等。

（2）水泥制品块地面

水泥制品块地面常见的有水泥砂浆砖（尺寸常为 150~200mm²，厚 10~20mm）、水磨石块、预制混凝土块（尺寸常为 400~500mm²，厚 20~50mm）。水泥制品块与基层粘结有两种方式：当预制块尺寸较大且较厚时，常在板下干铺一层 20~40mm 厚细砂或细炉渣，待校正后，板缝用砂浆嵌填。这种做法施工简单、造价低，便于维修更换，但不易平整。城市人行道常按此方法施工，如图 2-2-17(a)所示。当预制块小而薄时，则采用 12~20mm 厚 1：3 水泥砂浆做结合层，铺好后再用 1：1 水泥砂浆嵌缝。这种做法坚实、平整，但施工较复杂，造价也较高，如图 2-2-17(b)所示。

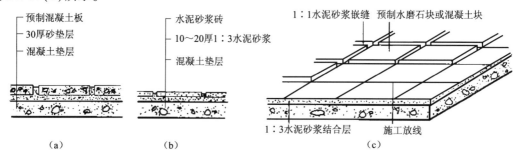

（a）　　　　　　（b）　　　　　　（c）

图 2-2-17 水泥制品块地面（单位：mm）

（3）缸砖及陶瓷锦砖地面

缸砖也称防潮砖，是用陶土焙烧而成的一种无釉砖块。形状有正方形（尺寸为 100mm ×

100mm 和 150mm × 150mm，厚 10 ~ 19mm）、六边形、八角形等。缸砖表面平整，质地坚硬，耐磨、耐压、耐酸碱、吸水率小；可擦洗，不脱色不变形；色釉丰富，色调均匀，可拼出各种图案。缸砖背面有凹槽，使砖块和基层粘结牢固，铺贴时一般用 15 ~ 20mm 厚 1:3 水泥砂浆做结合材料，要求平整，横平竖直（图 2-2-18）。

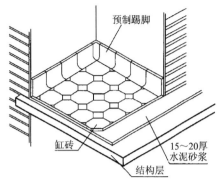

图 2-2-18 缸砖地面（单位：mm）

陶瓷锦砖又称马赛克，是以优质瓷土烧制而成的小尺寸瓷砖，按一定图案反贴在牛皮纸上而成。它具有抗腐蚀、耐磨、耐火、吸水率小、抗压强度高、易清洗和永不褪色等优点，而且质地坚硬、色泽多样，加之规格小，不易踩碎，主要用于防滑卫生要求较高的卫生间、浴室等房间的地面。

（4）陶瓷地砖地面

陶瓷地砖又称墙地砖，其类型有釉面地砖、无光釉面砖和无釉防滑地砖及抛光同质地砖。

陶瓷地砖色彩丰富，色调均匀，砖面平整，抗腐耐磨，施工方便，且块大缝少，装饰效果好，特别是防滑地砖和抛光地砖又能防滑，因而越来越多地用于办公、商店、旅馆和住宅中。陶瓷地砖一般厚 6 ~ 10mm，其规格有 500mm × 500mm、400mm × 400mm、300mm × 300mm、250mm × 250mm、200mm × 200mm。

新型的仿花岗岩地砖，还具有天然花岗岩的色泽和质感，经磨削加工后表面光亮如镜。梯沿砖又称防滑条，它坚固耐用，表面有凸起条纹，防滑性能好，主要用于楼梯，站台等处的边缘。

综上所述，常用地面、楼面做法总结于表 2-2-3 和表 2-2-4 中。

表 2-2-3 常用地面做法

名　称	材　料　及　做　法
水泥砂浆地面	25 厚 1:2 水泥砂浆面层铁板赶光、水泥浆结合层一道、80 ~ 100 厚 C15 混凝土垫层、素土夯实
水泥豆石地面	30 厚 1:2 水泥豆石（瓜米石）面层铁板赶光、水泥浆结合层一道、80 ~ 100 厚 C15 混凝土垫层、素土夯实
水磨石地面	15 厚 1:2 水泥白石子面层表面草酸处理后打蜡上光、水泥浆结合层一道、25 厚 1:2.5 水泥砂浆找平层、水泥浆结合层一道、80 ~ 100 厚 C15 混凝土垫层、素土夯实
聚乙烯醇缩丁醛地面	面漆三道、清漆二道、填嵌并满按腻子、清漆一道、25 厚 1:2.5 水泥砂浆找平层、80 ~ 100 厚 C15 混凝土垫层、素土夯实
陶瓷锦砖（马赛克）地面	陶瓷锦砖面层白水泥浆擦缝、25 厚 1:2.5 干硬性水泥砂浆结合层，上洒 1 ~ 2 厚干水泥并洒清水适量、水泥浆结合层一道、80 ~ 100 厚 C15 混凝土垫层、素土夯实
缸砖地面缸砖（防潮砖、地红砖）	面层配色白水泥浆擦缝、25 厚 1:2.5 干硬性水泥砂浆结合层，上洒 1 ~ 2 厚干水泥并洒清水适量、水泥浆结合层一道、80 ~ 100 厚 C15 混凝土垫层、素土夯实
陶瓷地砖地面	10 厚陶瓷锦砖面层白水泥浆擦缝、25 厚 1:2.5 干硬性水泥砂浆结合层，上洒 1 ~ 2 厚干水泥并洒清水适量、水泥结合层一道、80 ~ 100 厚 C15 混凝土垫层、素土夯实

表 2-2-4　常用楼面做法

名　称	材 料 及 做 法
水泥砂浆楼面	25 厚 1:2 水泥砂浆面层铁板赶光、水泥浆结合层一道、结构层
水泥石屑楼面	30 厚 1:2 水泥石屑面层铁板赶光、水泥浆结合层一道、结构层
水磨石楼面（美术水磨石楼面）	15 厚 1:2 水泥白石子面层表面草酸处理后打蜡上光、水泥浆结合层一道、25 厚 1:2.5 水泥砂浆找平层水泥浆结合层一道结构层
陶瓷锦砖（马赛克）楼面	陶瓷锦砖面层白水泥浆擦缝、25 厚 1:2.5 干硬性水泥砂浆结合层，上洒 1~2 厚干水泥并洒适量清水、水泥浆结合层一道、结构层
陶瓷地砖楼面	10 厚陶瓷地砖面层配色水泥浆擦缝、25 厚 1:2.5 干硬性水泥砂浆结合层，上洒 1~2 厚干水泥并洒清水适量、水泥浆结合层一道、结构层
大理石楼面	20 厚大理石块面层配色水泥浆擦缝、25 厚 1:2.5 干硬性水泥砂浆结合层，洒 1~2 厚干水泥并洒清水适量、水泥浆结合层一道、结构层

3. 塑料地面

从广义上讲,塑料地面包括一切由有机物质为主所制成的地面覆盖材料。如以一定厚度平面状的块材或卷材形式的油地毡、橡胶地毯以及涂料地面和涂布无缝地面。

塑料地面装饰效果好,色彩选择性强,施工简单,清洗更换方便,塑料地面还有一定弹性,脚感舒适,轻质耐磨,但它有易老化、日久失去光泽、受压后产生凹陷、不耐高热、硬物刻划易留痕等缺点。常用的塑料地面有聚氯乙烯塑料地面、橡胶地面和涂料地面。

(1)聚氯乙烯塑料地面

聚氯乙烯塑料地面有卷材地板和块状地板两种。聚氯乙烯卷材地板是以聚氯乙烯树脂为主要原料,加入适当助剂,在片状连续基材上,经涂敷工艺生产而成。其宽度有 1800、2000mm,每卷长度 20、30m,总厚度有 1.5、2mm。聚氯乙烯卷材地板适合于铺设客厅、卧室地面(中档装修)。聚氯乙烯块状地板是以聚氯乙烯及其共聚树脂为主要原料,加入填料、增塑剂、稳定剂、着色剂等辅料,经压延、挤出或挤压工艺生产而成,有单层和同质复合两种。其规格为 300mm×300mm,厚度 1.5mm。聚氯乙烯块状地板可由不同色彩和形状拼成各种图案,价格较低,应用广泛。

(2)橡胶地面

橡胶地面是以橡胶为主要原料再加入多种材料在高温下压制而成,有橡胶地砖、橡胶地板、橡胶脚垫、橡胶卷材、橡胶地毯等。橡胶地面具有良好的弹性,在抗冲击、绝缘、防滑、隔潮、耐磨、易清理等方面显示出优良的特性。橡胶地板在户内和户外都能长期使用,广泛运用在工业场地(车间、仓库)、停车库、现代住房(盥洗室、厨房、阳台、楼梯)、花圃、运动场地、游泳池畔、轮椅斜坡以及潮湿地面防滑部位等。由于其强度高耐磨性好,尤其适合于人流较多、交通繁忙和负荷较重的场合。通过配方的调整,橡胶地板还可以制成许多特殊的性能和用途:如高度绝缘、抗静电、耐高温、耐油、耐酸碱等。同时还可以制成仿玉石、仿天然大理石、仿木纹等各种表面图案,不同型号和颜色的橡胶地板砖搭配组合还可以形成独特的地面装饰效果。

(3)涂料地面

涂料地面和涂布无缝地面,它们的区别在于:前者以涂刷方法施工,涂层较薄;而涂布地面以刮涂方式施工,涂层较厚。

用于地面涂料有地板漆、过氯乙烯地面涂料、苯乙烯地面涂料等。这些涂料施工方便,造价较低,可以提高地面耐磨性和韧性以及不透水性。适用于民用建筑中的住宅、医院等。用于工业生产车间的地面涂料,又称工业地面涂料,一般常用环氧树脂涂料和聚氨酯涂料。这两类涂接都具有良好的耐化学品性、耐磨损和耐机械冲击性能。但是由于水泥地面是易吸潮的多孔性材料,聚氨酯对潮湿的容忍性差,施工不慎易引起层间剥离、针孔等弊病,且对水泥基层的粘结力较环氧树脂涂料差。因而当以耐磨、洁净为主的性能要求时宜选用环氧树脂涂料,而以弹性要求为主要性能要求时则宜使用聚氨酯涂料。

环氧树脂耐磨洁净地面涂料为双组分常温固化的厚膜型涂料,通常将其中无溶剂环氧树脂涂料称为"自流平涂料"。环氧树脂自流平地面是一种无毒、无污染与基层附着力强、在常温下固化形成整体的无缝地面;具有耐磨、耐刻划、耐油、耐腐蚀、抗渗且脚感舒适,便于清扫等优点,广泛用于医药、微电子、生物工程、无尘净化室等洁净度要求高的建筑工程中。

4. 木地板地面

(1)材料

① 普纯木地板:实木条形地板、硬木拼花地板。

② 复合地板:中间为芯板,两面贴薄板(木纹纸)。

③ 竹木地面。

(2)板地面的施工方式

① 粘贴式:采用小块硬木条直接拼贴形成。

② 架空式:采用矮墙垫高架空形成。

③ 实铺式:采用格栅铺垫或水泥砂浆找平后加软垫铺设而成。

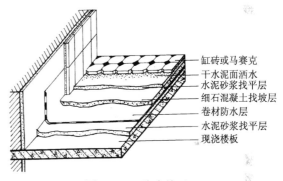

缸砖或马赛克
干水泥面洒水
水泥砂浆找平层
细石混凝土找坡层
卷材防水层
水泥砂浆找平层
现浇楼板

图 2-2-19　防水楼面

5. 特种楼地面

① 防水楼地面——加设 PVC 或油毡等卷材防水层(图 2-2-19)。

② 发光楼地面——将楼地面架空,在架空层内设置灯具,铺设透光面板(图 2-2-20)。

③ 弹性木地板——用木弓或钢弓作衬垫。

④ 活动夹层地板——由动面板和可调支架组成(图 2-2-21)。

图 2-2-20　发光楼面

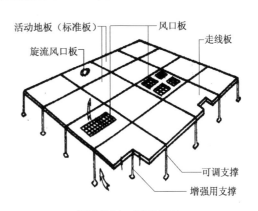

活动地板(标准板)
风口板
旋流风口板
走线板
可调支撑
增强用支撑

图 2-2-21　活动地面

2.4.4 顶棚装修

顶棚同墙面、楼地面一样,是建筑物主要装修部位之一:有直接式顶棚和吊顶式顶棚两种。

1. 直接式顶棚

① 直接喷刷涂料:当要求不高或楼板底面平整时,可在板底嵌缝后喷(刷)石灰浆或涂料二道。

② 直接抹灰:对板底不够平整或要求稍高的房间,可采用板底抹灰,常用的有:纸筋石灰浆顶棚、混合砂浆顶棚、水泥砂浆顶棚、麻刀石灰浆顶棚、石膏灰浆顶棚。

③ 直接粘贴:对某些装修标准较高或有保温吸声要求的房间,可在板底直接粘贴装饰吸声板、石膏板、塑胶板等。

2. 吊顶式顶棚

吊顶按设置的位置不同分为屋架下吊顶和混凝土楼板下吊顶;从基层材料分有木骨架吊顶和金属骨架吊顶。

吊顶的结构一般由基层和面层两大部分组成(图 2-2-22)。

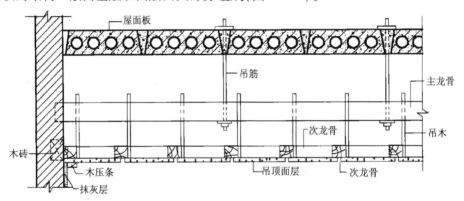

图 2-2-22　木基层吊顶的构造组成

① 基层:基层承受吊顶的荷载,并通过吊筋传给屋顶或楼板承重结构。基层由吊筋、龙骨组成。吊顶龙骨分为主龙骨与次龙骨,主龙骨为吊顶的承重结构,次龙骨则是吊顶的基层。

主龙骨是通过吊筋或吊件固定在屋顶(或楼板)结构上,次龙骨用同样的方法固定在主龙骨上。龙骨可用木材、轻钢、铝合金等材料制作,其断面大小视其材料品种、是否上人(吊顶承受人的荷载)和面层构造做法等因素而定。主龙骨断面比次龙骨大,间距通常为 1m 左右。悬吊主龙骨的吊筋为 $\phi 8 \sim \phi 10$ 钢筋,间距也是 1m 左右。次龙骨间距视面层材料而定,间距不宜太大,一般为 $300 \sim 500mm$;刚度大的面层不易翘曲变形,可允许扩大至 600mm。

② 面层:吊顶面层分为抹灰面层和板材面层两大类。抹灰面层为湿作业施工,费工费时。板材面层,既可加快施工速度,又容易保证施工质量。吊顶面层板材的类型很多,一般可分为植物型板材(如胶合板,纤维板,木工板等)、矿物型板材(如石膏板,矿棉板等)、金属板材(如铝合金板,金属微孔吸声板等)等几种。

2.4.5　地面变形缝

地面变形缝同墙体变形缝一样包括温度伸缩缝、沉降缝和防震缝。其设置的位置和大小应与墙面、屋面变形缝一致。大面积的地面还应适当增加伸缩缝。

构造上要求从基层到饰面层脱开,缝内常用可压缩变形的玛琋脂、金属调节片、沥青麻丝等材料做封缝处理。为了美观,还应在面层和顶棚加设盖缝板,盖缝板应不妨碍构件之间变形需要(伸缩、沉降)。此外,金属调节片要做防锈处理,盖缝板形式和色彩应和室内装修协调,如图 2-2-23 所示。楼地面变形缝构造如图 2-2-24 所示。

图 2-2-23　地面变形缝举例

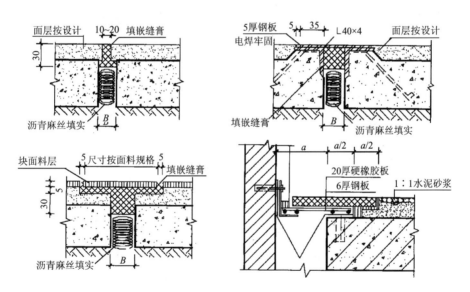

图 2-2-24　楼地面变形缝构造(单位:mm)

2.4.6　阳台

阳台是多层或高层建筑中不可缺少的室内外过渡空间,为人们提供户外活动的场所。阳台的设置对建筑物的外部形象也起着重要的作用(图 2-2-25)。

图 2-2-25　各种阳台

1. 阳台的类型(图 2-2-26)

① 按使用要求不同分为生活阳台和服务阳台。

② 根据阳台与建筑物外墙的关系可分为挑(凸)阳台、凹阳台(凹廊)和半挑半凹阳台。

③ 按阳台在外墙上所处的位置不同分为中间阳台和转角阳台分。

④ 当阳台的长度占有两个或两个以上开间时称为外廊。

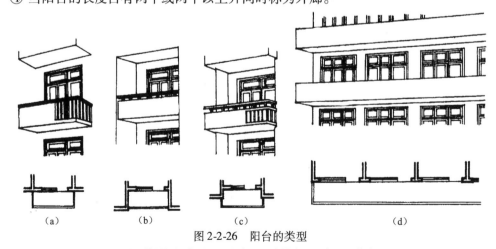

（a）　　　　　（b）　　　　　（c）　　　　　　　　（d）

图 2-2-26　阳台的类型

（a)挑(凸)阳台;（b)凹阳台;（c)半挑半凹阳台;（d)外廊

2. 阳台的组成及要求

阳台由承重结构(梁、板)和栏杆组成。

阳台的结构及构造设计应满足以下要求:安全适用、坚固耐久、排水通畅、立面美观。

挑阳台及半挑半凹阳台的出挑部分的承重结构均为悬臂结构,阳台挑出长度应满足结构抗倾覆的要求,以保证结构安全。阳台栏杆、扶手构造应坚固、耐久,并给人们以足够的安全感。阳台挑出长度根据使用要求确定,一般为 1.5~1.8m。

为使阳台排水通畅,阳台地面应低于室内地面60mm 左右,以免雨水流入室内,并将阳台地面面层做一定找坡0.5%~1%,同时布置排水设施,设地漏连接雨水管或设水舌,如图 2-2-27 所示。

除此之外,应结合地区气候特点,并满足立面造型的需要。

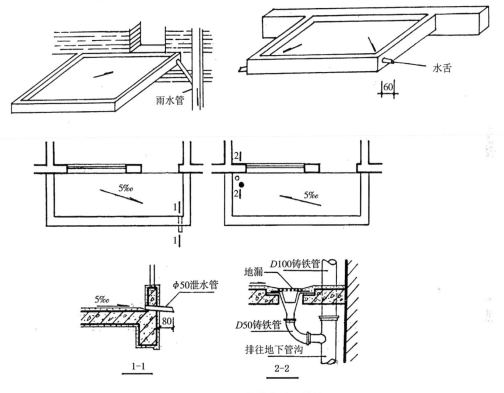

图 2-2-27　阳台排水处理措施

3. 阳台承重结构的布置形式

阳台承重结构通常是楼板的一部分,因此阳台承重结构应与楼板的结构布置统一考虑,主要采用钢筋混凝土阳台板。钢筋混凝土阳台可采用现浇式、装配式或现浇与装配相结合的方式。

当为凹阳台时,阳台板可直接由阳台两边的墙支撑,板的跨长与房屋开间尺寸相同,也可采用与阳台进深尺寸相同的板铺设。

当为挑阳台及半挑半凹阳台时,阳台承重结构的布置形式为:

(1)挑板式

将房间的楼板挑出作为阳台板。此种方式阳台板底平整,造型简洁,阳台长度可以任意调整,但施工较麻烦。悬挑阳台板具体的悬挑方式有以下两种:一种是楼板悬挑阳台板,如采用装配式楼板,则会增加板的类型;另一种方式是墙梁(或框架梁)悬挑阳台板,通常将阳台板与梁浇在一起,在条件许可的情况下,可将阳台板与梁做成整块预制构件,吊装就位后用铁件与大型预制板焊接。挑板式阳台挑出长度≤1.2m。

（2）挑梁式

从墙体中挑梁形成梁板式结构,即在阳台两端设置挑梁,挑梁上搭板。此种方式构造简单、施工方便,阳台板与楼板规格一致,是较常采用的一种方式。在处理挑梁与板的关系上有几种方式:第一种是挑梁外露,阳台正立面上露出挑梁梁头;第二种是在挑梁梁头设置边梁,在阳台外侧边上加一边梁封住挑梁梁头,阳台底边平整,使阳台外形较简洁;第三种设置L形挑梁,梁上搁置卡口板,使阳台底面平整,外形简洁、轻巧、美观,但增加了构件类型。挑梁式挑出长度1.5~1.8m。

阳台承重结构的布置形式如图2-2-28~图2-2-30所示。

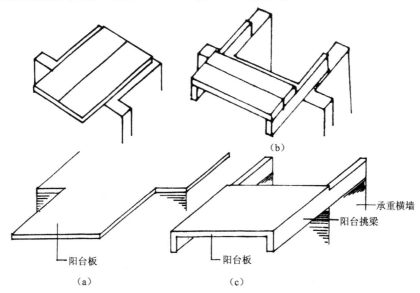

图2-2-28　阳台承重结构的布置形式
（a）预制装配式楼板挑出;（b）预制挑梁式;（c）阳台板与梁做成整块预制构件

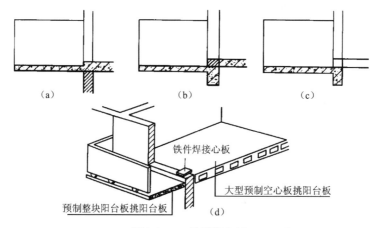

图2-2-29　悬挑阳台板
（a）楼板悬挑阳台板;（b）墙梁悬挑阳台板（墙不承重）;
（c）墙梁悬挑阳台板（墙承重）;（d）预制整块阳台板

4. 阳台栏杆

阳台栏杆作用是承受推力,安全围护和装饰立面。

(1) 阳台栏杆高度

阳台栏杆高度因建筑使用对象不同而有所区别,根据《民用建筑设计通则》和《住宅设计规范》中规定:临空高度在 24m 以下时阳台、外廊栏杆高度不应低于 1.05m,临空高度在 24m 及以上(包括中高层住宅)时,栏杆不应低于 1.10m,栏杆离地面或屋面 0.10m 高度内不宜留空。有儿童活动的场所,栏杆应采用不易攀登的构造,当采用垂直杆件做栏杆时,其杆件净距不应大于 0.11m。

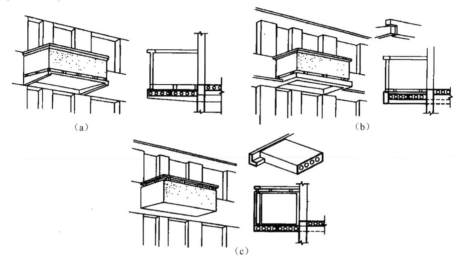

图 2-2-30 挑梁搭板
(a)挑梁外露;(b)设置边梁;(c)L形挑梁卡口板

(2) 阳台栏杆类型

根据阳台栏杆使用的材料不同,有金属栏杆、钢筋混凝土栏杆、玻璃栏杆(图2-2-31),还有不同材料组成的混合栏杆。金属栏杆如采用钢栏杆易锈蚀,如为其他合金,则造价较高;砖栏杆自重大,抗震性能差,且立面显得厚重;钢筋混凝土栏杆造型丰富,可虚可实,耐久、整体性好,自重较砖栏杆轻,常做成钢筋混凝土栏板,拼装方便。因此,钢筋混凝土栏杆应用较为广泛。

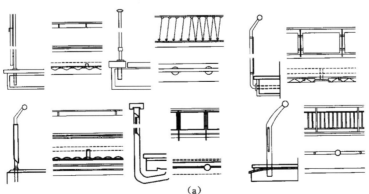

(a)

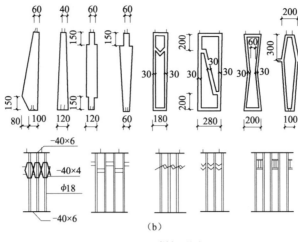

图 2-2-31　栏杆形式

按阳台栏杆空透的情况有实心栏板、空花栏杆和部分空透的组合式栏杆。选择栏杆的类型应结合立面造型的需要、使用的要求、地区气候特点、人的心理要求、材料的供应情况等多种因素决定。

（3）钢筋混凝土栏杆构造

① 栏杆压顶：钢筋混凝土栏杆通常设置钢筋混凝土压顶，并根据立面装修的要求进行饰面处理。预制钢筋混凝土压顶与下部的连接可采用预埋铁件焊接，也可采用榫接坐浆的方式，即在压顶底面留槽，将栏杆插入槽内，并用 M10 水泥砂浆坐浆填实，以保证连接的牢固性。还可以在栏杆上留出钢筋，现浇压顶，这种方式整体性好、坚固，但现场施工较麻烦。

另外，也可采用钢筋混凝土栏板顶部加宽的处理方式，其上可放置花盆，当采用这种方式时，宜在压顶外侧采取防护措施，以防花盆坠落，如图 2-2-32 所示。

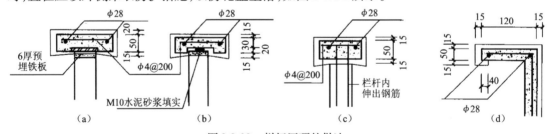

图 2-2-32　栏杆压顶的做法

② 栏杆与阳台板的连接：为了阳台排水的需要和防止物品由阳台板边坠落，栏杆与阳台板的连接处需采用 C20 混凝土沿阳台板边现浇挡水带。栏杆与挡水带采用预埋铁件焊接，或榫接坐浆，或插筋连接（图 2-2-33）。如采用钢筋混凝土栏板，可设置预埋件直接与阳台板预埋件焊接。

③ 栏板的拼接：钢筋混凝土栏板的拼接有以下几种方式：一是直接拼接法，即在栏板和阳台板预埋铁件焊接（图 2-2-34），构造简单，施工方便；二是立柱拼接法（图 2-2-35），由于立柱为现浇钢筋混凝土，柱内设有立筋与阳台预埋件焊接，所以整体刚度好，但施工复杂，多在长外廊中使用。

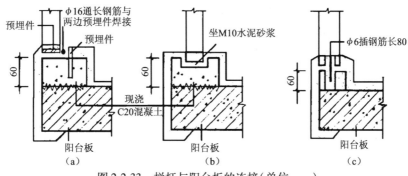

图 2-2-33　栏杆与阳台板的连接（单位：mm）

(a)预埋件焊接；(b)榫接坐浆；(c)插筋连接

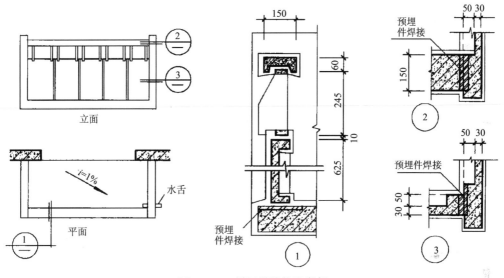

图 2-2-34　栏板拼接构造举例

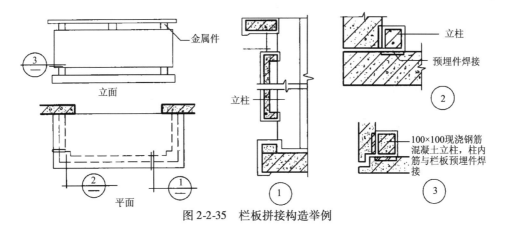

图 2-2-35　栏板拼接构造举例

④ 栏杆与墙的连接：栏杆与墙的连接一般做法是在砌墙时预留 240mm（宽）×180mm（深）×120mm（高）的洞，将压顶伸入锚固。采用栏板时将栏板的上下肋伸入洞内、或在栏杆上预留钢筋伸入洞内，用 C20 细石混凝土填实。

（4）金属及玻璃栏杆构造

金属栏杆常采用铝合金、不锈钢铁艺。玻璃常用厚度较大不易碎裂或碎裂后不会脱落的玻璃,如各种有机玻璃、钢化玻璃等。金属栏杆构造如图 2-2-36 所示,玻璃栏杆构造如图 2-2-37所示。

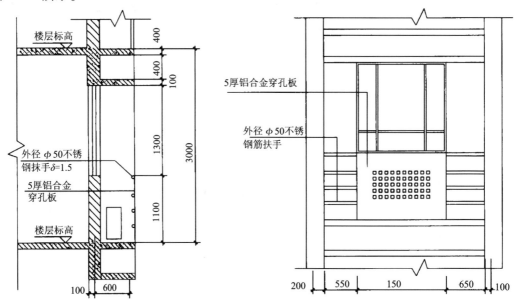

图 2-2-36　金属栏杆

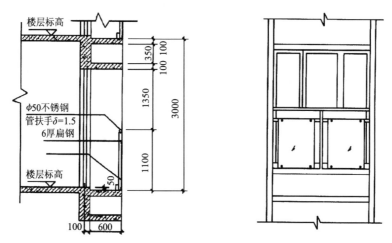

图 2-2-37　玻璃栏杆

2.4.7　雨篷

雨篷通常设在房屋出入口的上方。避免雨天人们在出入口处短暂停留时不被雨淋,并起到保护门和丰富建筑立面造型的作用。

根据雨篷板的支撑不同有采用门洞过梁悬挑板的方式,也有采用墙或柱支撑。其中最简单的是过梁悬挑式,即悬挑雨篷。悬挑板板面与过梁顶面可不在同一标高上,梁面较板面标高,以防止雨水浸入墙体。由于雨篷上荷载大,悬挑板的厚度较薄,为了板面排水的组织和立面造型的需要,板外檐常做加高处理,采用混凝土现浇或砖砌成,板面需做防水处理,并在靠墙处做泛水。悬挑结合造型考虑,如图 2-2-38 所示。

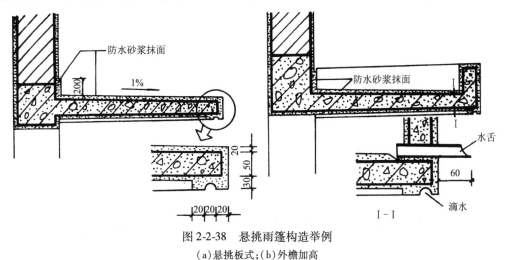

图 2-2-38　悬挑雨篷构造举例

(a)悬挑板式;(b)外檐加高

　　由于房屋的性质、出入口的大小和位置、地区气候特点以及立面造型的要求等因素的影响,雨篷的形式多种多样。近年来,采用金属和玻璃材料做成悬挂式雨篷,轻巧美观,对建筑入口的烘托和建筑立面的美化有很好的作用,受到人们的欢迎,如图 2-2-39 ~ 图 2-2-43 所示。

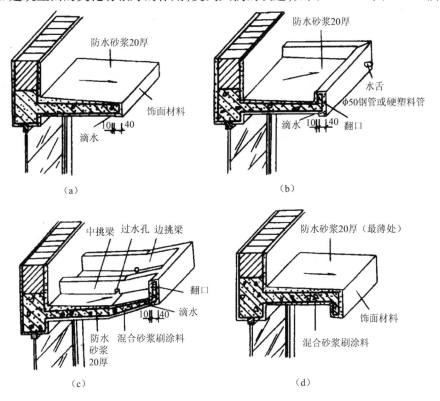

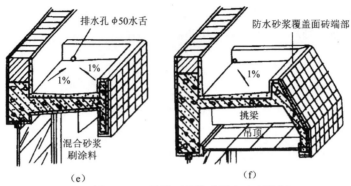

图 2-2-39 悬挑雨篷构造结合造型举例

(a)自由落水雨篷;(b)有翻口有组织排水雨篷;(c)折挑倒梁有组织排水雨篷;

(d)下翻口自由落水雨篷;(e)上下翻口有组织排水雨篷;(f)下挑梁有组织排水带吊顶雨篷

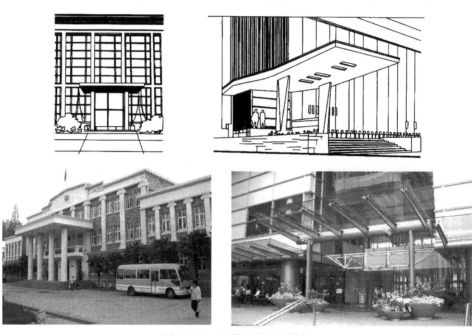

图 2-2-40 悬挑雨篷形式举例

图 2-2-41 悬挂雨篷造型举例

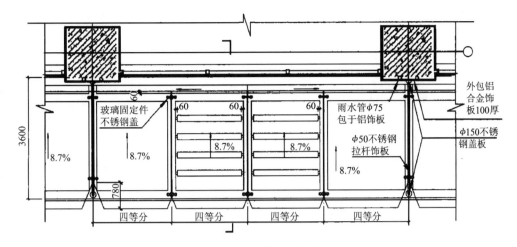

图 2-2-42 悬挂式雨篷平面

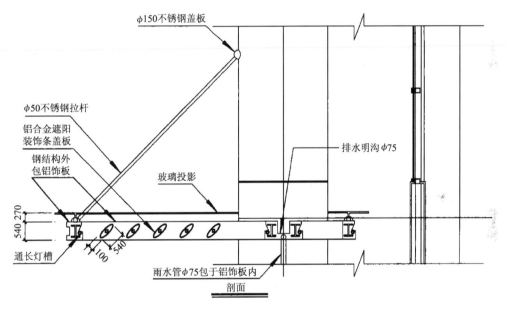

图 2-2-43 悬挂式雨篷立面

任务实施

由教师指定各组考察对象(如附近教学楼、图书馆、宿舍、体育馆、医院、办公楼、影剧院、技术馆、住宅等),学生以 4~6 人为一组对建筑楼地层考察参观、拍照并做成 PPT 汇报交流,组长负责组织。

评价等级	评 价 内 容
优秀(90~100)	不需要他人指导,组员之间团结协作,能够正确按照任务描述按时完成任务;PPT 制作条理清晰、图文并茂、画面重点突出;汇报过程语言表达准确、流畅;并能指导他人完成任务
良好(80~89)	需要他人指导,组员之间团结协作,能够正确按照任务描述按时完成任务;PPT 制作条理清晰、图文并茂、画面重点突出;汇报过程语言表达准确、流畅
中等(70~79)	在他人指导下,组员之间团结协作,能够按照任务描述按时完成任务;PPT 制作图文并茂,画面重点突出,汇报过程语言表达流畅
及格(60~69)	在他人指导下,能够按照任务描述按时完成任务;PPT 制作图文并茂,汇报过程语言表达流畅

🔍 思考与练习

1. 简述楼地层的构造层次及作用。
2. 简述楼面装修类型和适用范围。
3. 简述楼地层变形缝的位置和作用。
4. 顶棚装修时应注意哪些问题?

任务3 分组考察周边建筑的楼梯与电梯

🔍 任务目标

了解建筑构造组成——楼梯的位置、做法和作用。

📋 任务要求

① 考察建筑楼梯的位置、形式、材料、结构和适用的空间。
② 考察建筑楼梯细部如踏步、栏杆、平台的尺度、做法。
③ 考察楼梯梯段的宽度。
④ 考察台阶、坡道的位置、形式和做法。
⑤ 考察电梯、自动扶梯的位置及与楼梯之间的关系。

📋 知识与技能

2.5 楼梯与电梯

建筑竖向空间的交通联系构件有楼梯、电梯、自动扶梯、台阶、坡道以及爬梯等,其中楼梯作为建筑竖向交通和人员紧急疏散的主要设施,使用最为普遍。

2.5.1 楼梯

1. 楼梯的组成

楼梯一般由梯段、平台、栏杆扶手三部分组成,如图 2-3-1 所示。

（1）梯段

梯段俗称梯跑，是联系两个不同标高平台的倾斜构件。由许多踏步组成。因梯段步数太多容易使人连续疲劳，步数太少则不易为人察觉的原因，梯段的踏步步数一般不宜超过 18 级，但也不宜少于 3 级。

（2）楼梯平台

楼梯平台按平台所处位置和标高不同，有中间平台和楼层平台之分。两楼层之间的平台称为中间平台，用来供人们行走时调节体力和改变行进方向。而与楼层地面标高齐平的平台称为楼层平台，除起着与中间平台相同的作用外，还用来分配从楼梯到达各楼层的人流。

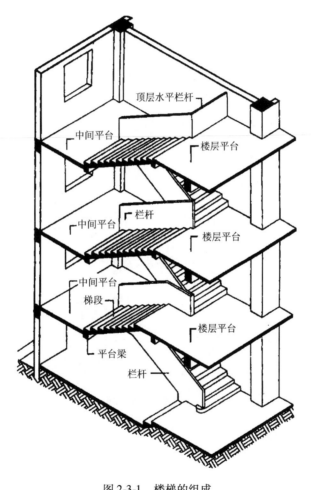

图 2-3-1　楼梯的组成

（3）栏杆扶手

栏杆扶手是设在梯段及平台边缘的安全保护构件。

2. 楼梯的形式

楼梯的形式根据建筑空间的要求有多种形式，如图 2-3-2 所示。

（1）直行单跑楼梯

此种楼梯无中间平台，由于单跑楼段踏步数一般不超过18级，故仅用于层高不高的建筑。

（2）直行多跑楼梯

此种楼梯是直行单跑楼梯的延伸，仅增设了中间平台，将单梯段变为多梯段。一般为双跑梯段，适用于层高较大的建筑。

直行多跑楼梯给人以直接、顺畅的感觉，导向性强，在公共建筑中常用于人流较多的大厅。但是，由于其缺乏方位上回转上升的连续性，当用于需上下多层楼面的建筑，会增加交通面积并加长人流行走的距离。

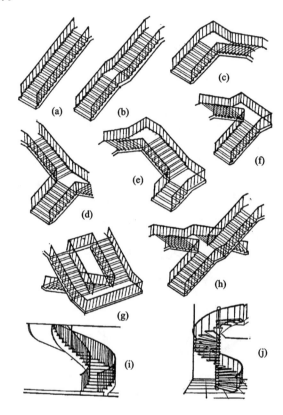

图 2-3-2　楼梯的形式示意

（a）直行单跑楼梯；（b）直行多跑楼梯；（c）直角楼梯；（d）双分楼梯；（e）三跑楼梯；
（f）平行双跑楼梯；（g）平行双分楼梯；（h）剪刀式楼梯；（i）螺旋楼梯；（j）弧形楼梯

（3）平行双跑楼梯

此种楼梯由于上完一层楼刚好回到原起步方位，与楼梯上升的空间回转往复性吻合，当上下多层楼面时，比直跑楼梯节约交通面积并缩短人流行走距离，是最常用的楼梯形式之一。

（4）平行双分或双合楼梯

平行双分楼梯形式是在平行双跑楼梯基础上演变产生的。其梯段平行而行走方向相反，且第一跑在中部上行，然后其中间平台处往两边以第一跑的1/2梯段宽，各上一跑到楼层面。通常在人流多、楼段宽度较大时采用。由于其造型的对称严谨性，常用做办公类建筑的主要楼梯。

平行双合楼梯与平行双分楼梯类似,区别仅在于楼层平台起步第一跑梯段前者在中而后者在两边。

(5)折行多跑楼梯

折行双跑楼梯人流导向较自由,折角可变,可为 90°,也可大于或小于 90°。当折角大于90°时,由于其行进方向性类似直行双跑楼,故常用于导向性强仅上一层楼的影剧院、体育馆等建筑的门厅中;当折角小于 90°时,其行进方向回转延续性有所改观,形成三角形楼梯间,可用于上多层楼的建筑中。

当为折行三跑楼梯时,此时楼梯中部形成较大梯井。常用于层高较大的公共建筑中。因楼梯井较大,不安全,供少年儿童使用的建筑不能采用此种楼梯。

(6)交叉跑楼梯

交叉跑楼梯可认为是由两个直行单跑楼梯交叉并列布置而成,通行的人流量较大,且为上下楼层的人流提供了两个方向,对于空间开敞、楼层人流多方向进入有利。但适合层高小的建筑。

(7)剪刀式楼梯

这种楼梯可以视为两部独立的疏散楼梯,满足双向疏散的要求。当层高较大时,设置中间平台,中间平台为人流变换行走方向提供了条件,适用于层高较大且有楼层人流多向性选择要求的建筑如商场、多层食堂等。

(8)螺旋形楼梯

螺旋形楼梯通常是围绕一根单柱布置,平面呈圆形。其平台和踏步均为扇形平面,踏步内侧宽度很小,并形成较陡的坡度,行走时不安全,且构造较复杂。这种楼梯不能作为主要人流交通和疏散楼梯,但由于其流线型造型美观,常作为建筑小品布置在庭院或室内。

为了克服螺旋形楼梯内侧坡度过陡的缺点,在较大型的楼梯中,可将其中间的单柱变为群柱或筒体。

(9)弧形楼梯

弧形楼梯与螺旋形楼梯的不同之处在于它围绕一较大的轴心空间旋转,未构成水平投影圆,仅为一段弧环,并且曲率半径较大。其扇形踏步的内侧宽度也较大,使坡度不至于过陡,可以用来通行较多的人流。弧形楼梯也是折行楼梯的演变形式,当布置在公共建筑的门厅时,具有明显的导向性和优美轻盈的造型。但其结构和施工难度较大,通常采用现浇钢筋混凝土结构。

图 2-3-3 所示为楼梯应用实例。

3. 楼梯尺度

(1)楼梯的坡度

楼梯常用坡度范围在 25°~45°,其中以 30°左右较为适宜。在实际应用中楼梯的坡度是由踏步的高宽比决定。对于人流量大,安全性要求高的楼梯坡度应该平缓一些,反之则可陡一些。

在公共建筑中的楼梯及室外的台阶常采用 26°34′的坡度,即踏步的高宽比为 1:2。而在居住建筑的户内楼梯可以达到 45°。

(2)楼梯的宽度

梯段宽度应根据紧急疏散时要求通过的人流股数多少确定(图 2-3-4)。每股人流按550~600mm 宽度考虑,双人通行时为 1100~1200mm,三人通行时为 1650~1800mm,余类推。同时,需满足各类建筑设计规范中对梯段宽度的低限要求。

图 2-3-3　楼梯应用实例

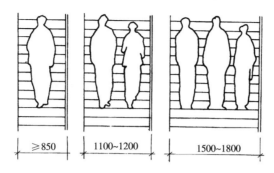

图 2-3-4　楼梯段宽度和人流股数的关系

一般 ≥850mm,住宅 ≥1.1m,公共建筑 ≥1.3m。

当梯段宽 >1.4m 时要增加靠墙扶手,>2.2m 时需增加中间扶手。

(3)踏步的尺寸

楼梯踏步的踏步高和踏步宽尺寸一般根据人体工程学的经验数据确定,如表 2-3-1 所示。

表 2-3-1　踏步常用高度尺寸

名称	住宅	幼儿园	学校、办公楼	医院	剧院、会堂
踏步高 h(mm)	150~175	120~150	140~160	120~150	120~150
踏步宽 b(mm)	260~300	260~280	280~340	300~350	300~350

踏步的高度,成人以 150mm 左右较适宜,不应高于 175mm。

踏步的宽度(水平投影宽度)以 300mm 左右为宜,不应窄于 260mm。当踏步宽度过宽时,将导致梯段水平投影长度的增加。而踏步宽度过窄时,会使人流行走不安全。当梯段水平投影长度受限,踏步宽度受影响时,可采用踢面倾斜或出挑踏步,以增加踏步宽度,保证行走的舒适,如图 2-3-5 所示。

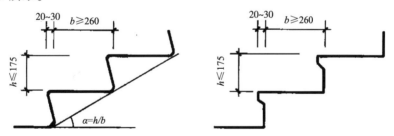

图 2-3-5　踏步尺寸的出挑形式

(4)平台宽度

平台宽度分为中间平台宽度 D_1 和楼层平台宽度 D_2,如图 2-3-6 所示。

中间平台宽度,对于平行和折行多跑等类型楼梯,应不小于梯段宽度,并不得 <1200mm,以保证通行和梯段同股数人流,同时应便于家具搬运。即 $D_1 \geq 1200mm$ 且 ≥楼梯的宽度。

医院建筑还应保证担架在平台处能转向通行,其中间平台宽度应不小于 1800mm。

对于直行多跑楼梯,其中间平台宽度不宜 <1200mm。

对于楼层平台宽度,则应比中间平台更宽松一些,以利人流分配和停留。

（5）梯井宽度

梯井，系指梯段之间形成的空挡。此空档从顶层到底层贯通，如图2-3-6中 C。

在平行多跑楼梯中，可无梯井，但为了梯段安装和平台转变缓冲，可设梯井。为了安全，其宽度应小些，以 60～200mm 为宜。当超过 200mm 时，应在空挡处加防护措施。

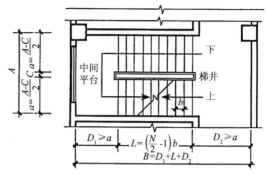

图2-3-6　楼梯的平台和梯井

（6）栏杆扶手尺度

梯段栏杆扶手高度指踏步前缘线到扶手顶面的垂直距离。其高度根据人体重心高度和楼梯坡度大小等因素确定。一般室内高度≥900mm；室外高度≥1050mm；靠楼梯井一侧水平扶手超过 500mm 长度时，其扶手高度不应小于 1000mm（住宅1050mm）；供儿童使用的楼梯应在 500～600mm 高度增设扶手，且栏杆之间间距≤120，以免儿童钻越危险，如图2-3-7 所示。

（7）楼梯净空高度

楼梯各部位的净空高度应保证人流通行和家具搬运，一般要求不小于 2000mm，梯段范围内净空高度应＞2200mm，如图2-3-8 所示。

当在平行双跑楼梯底层中间平台下需设置通道时，为保证平台下净高满足通行要求，一般可采用以下方式解决（图2-3-9）：

① 在底层变为长短跑梯段。起步第一跑为长跑，以提高中间平台标高，如图2-3-9（a）所示。这种方式仅在楼梯间进深较大、底层平台宽 D_2 富裕时适用。

② 局部降低底层中间平台下地坪标高，使其低于底层室内地坪标高 ±0.000，以满足净空高度要求。但降低后的中间平台下地坪标高仍应高于室外地坪标高，以免雨水内溢如图2-3-9（b）所示。这种处理方式可保持等跑梯段，使构件统一。但中间平台下地坪标高的降低，常依靠底层室内地坪 ±0.000 标高绝对值的提高来实现，可能增加填土方量或将底层地面架空。

③ 综合上两种方式，在采取长短跑梯段的同时，又适当降低底层中间平台下地坪标高，如图2-3-9（c）所示。这种处理方可兼有前两种方式的优点，并弱化其缺点。

④ 底层用直行单跑或直行双跑楼梯直接从室外上二层，如图2-3-9（d）所示。这种方式常用于住宅建筑，设计时需注意入口处雨篷底面标高的位置，保证净空高度在 2.2m 以上。

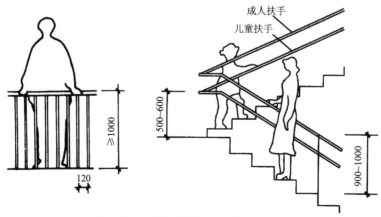

图2-3-7　扶手高度位置（单位：mm）

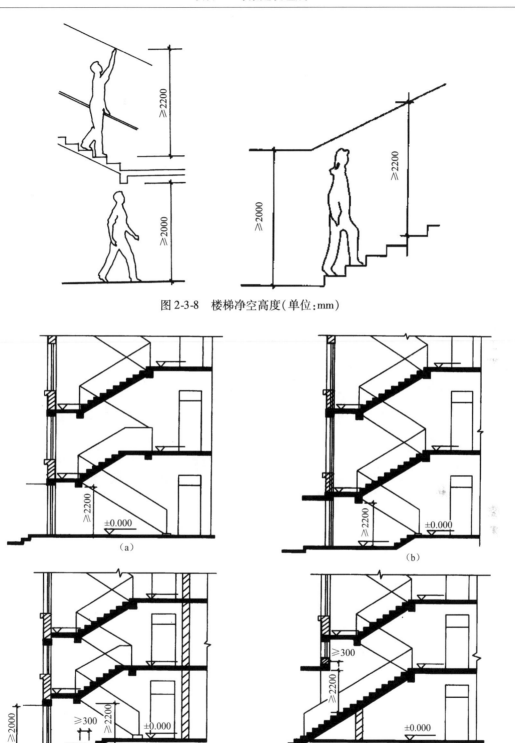

图 2-3-8　楼梯净空高度(单位:mm)

图 2-3-9　底层中间平台下作出入口的处理方式(单位:mm)

(a)底层长短跑;(b)局部降低地坪;(c)底层长短跑并局部降低地坪;(d)底层直跑

在楼梯间顶层,当楼梯不上屋顶时,由于局部净空高度大,空间浪费,可在满足楼梯净空要求情况下局部加以利用,例如做成小储藏间,如图 2-3-10 所示。

4. 楼梯细部

（1）踏步面层

楼梯踏步面层装修做法与楼层面层装修做法基本相同。但由于楼梯是一幢建筑中的主要交通疏散部件,其对人流的导向性要求高,装修用材标准应高于或至少不低于楼地面装修用材标准,使其在建筑中具有明显醒目的地位,引导人流。同时,由于楼梯人流量大,使用率高,在考虑踏步面层装修做法时应选择耐磨、防滑、美观、不起尘的材料。

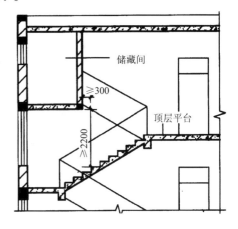

图 2-3-10 楼梯间局部利用(单位:mm)

根据造价和装修标准的不同,常用的有水泥豆石面层、普通水磨石面层、彩色水磨石面层、缸砖面层、大理石面层、花岗岩面层等,如图 2-3-11 所示,还可在面层上铺设地毯。

图 2-3-11 楼梯踏步面层举例

（2）防滑处理

在人流量较大的公共建筑楼梯及面层较光滑的楼梯,要在踏面前沿采取防滑措施。

防滑措施在踏步边缘设防滑条、防滑凹槽、防滑包口等。

需要注意的是,防滑条应突出踏步面 2～3mm,但不能太高,实际工程中常见做得太高,反而使行走不便。在人流量较大的楼梯中均应设置。

常用的防滑条材料有:水泥铁屑、金刚砂、金属条(铸铁、铝条、铜条)、陶瓷锦砖及带防滑条缸砖等,如图 2-3-12 所示。

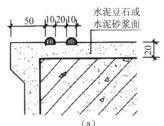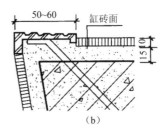

（a）　　　　　　　　　　　　　　　　（b）

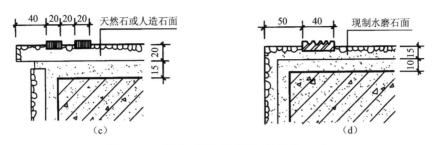

图 2-3-12 踏步面层及防滑处理(单位:mm)

(a)金刚砂防滑条;(b)铸铁防滑条;(c)陶瓷锦砖防滑条;(d)有色金属防滑条

(3)栏杆形式

栏杆形式可分为空花式、栏板式和混合式等类型。

① 空花式:空花式楼梯栏杆以栏杆竖杆作为主要受力构件,一般常采用钢材制作,有时也采用木材、铝合金型材、铜材或不锈钢材等制作。这种类型的栏杆具有重量轻、空透轻巧的特点,是楼梯栏杆的主要形式。一般用于室内楼梯。常用的钢竖杆断面为圆形和方形,并分为实心和空心两种。实心竖杆断面尺寸圆形一般为 $\phi 16 \sim \phi 30$,方形为 20mm × 20mm ~ 30mm × 30mm,如图 2-3-13 所示。

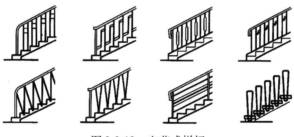

图 2-3-13 空花式栏杆

② 栏板式:栏板式取消了杆件,免去了空花栏杆的不安全因素和锈蚀问题,但栏板构件应与主体结构连接可靠,能承受侧向推力。栏板材料常采用钢丝网(或钢板网)水泥抹灰栏板、钢筋混凝土栏板等,常用于室外楼梯,如图 2-3-14 所示。

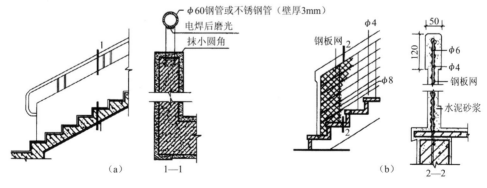

图 2-3-14 栏板式栏杆(单位:mm)

(a)钢筋混凝土栏板;(b)钢板网水泥栏板

钢丝网(或钢板网)水泥抹灰栏板以钢筋作为主骨架,然后在其间绑扎钢丝网或钢板网,用高强度等级水泥砂浆双面抹灰。这种做法需注意钢筋骨架与梯段构件应可靠连接。

钢筋混凝土栏板与钢丝网水泥栏板类似,多采用现浇处理,比前者牢固、安全、耐久,但栏板厚度以及造价和自重增大。栏板厚度太大会影响梯段有效宽度,并增加自重。

③ 混合式:混合式是指空花式和栏板式两种栏杆形式的组合,栏杆竖杆作为主要抗侧力构件,栏板则作为防护和美观装饰构件,其栏杆竖杆常采用钢材或不锈钢等材料,其栏板部分常采用强度较高的轻质美观材料制作,如木板、塑料贴面板、铝板、有机玻璃板或刚化玻璃板等(图2-3-15)。

(4)扶手形式及与栏杆连接

楼梯扶手常用木材、塑料、金属管材(钢管、铝合金管、铜管和不锈钢管等)制作。木扶手和塑料扶手具有手感舒适,断面形式多样的优点,使用最为广泛。

木扶手常采用硬木制作。塑料扶手可选用生产厂家定形产品,也可另行设计加工制作。金属管材扶手由于其可弯性,常用于螺旋形、弧形楼梯扶手,但其断面形式单一。

钢管扶手表面涂层易脱落,铝管、铜管和不锈钢管扶手则造价高,使用受限。

扶手断面形式和尺寸的选择既要考虑人体尺度和使用要求,又要考虑与楼梯的尺度关系和加工制作可能性。图2-3-16所示为几种常见扶手断面形式和尺度。

栏杆顶部焊接通长扁铁,再将扁铁与扶手用螺丝连接。

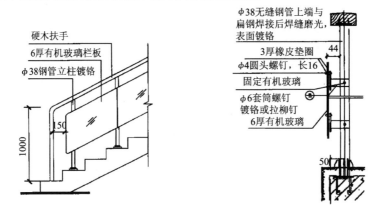

图 2-3-15　混合式栏杆(单位:mm)

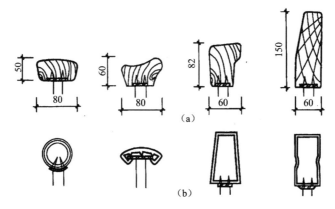

图 2-3-16　常见扶手断面形式与尺度(单位:mm)

(a)木扶手;(b)塑料扶手

（5）栏杆与梯段、平台连接

栏杆竖杆与梯段、平台的连接一般在梯段和平台上预埋钢板焊接或预留孔插接。为了保护栏杆免受锈蚀和增强美观，常在竖杆下部装设套环，覆盖住栏杆与梯段或平台的接头处，如图 2-3-17 所示。

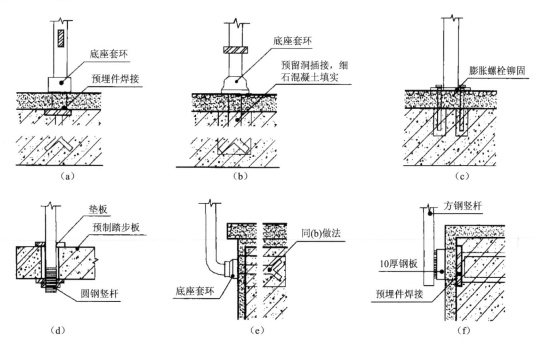

图 2-3-17 栏杆与梯段、平台连接

（6）扶手与墙面连接

如图 2-3-18 所示，当楼梯较宽时，需要靠墙设置扶手。

图 2-3-18 当楼梯较宽时，需要靠墙设置扶手

当直接在墙上装设扶手时,扶手应与墙面保持100mm左右的距离。一般在砖墙上留洞,将扶手连接杆件伸入洞内,用细石混凝土嵌固,如图2-3-19(a)所示。

当扶手与钢筋混凝土墙或柱连接时,一般采取预埋钢板焊接,如图2-3-19(b)所示。在栏杆扶手结束处与墙、柱面相交,也应有可靠连接,如图2-3-19(c)和(d)所示。

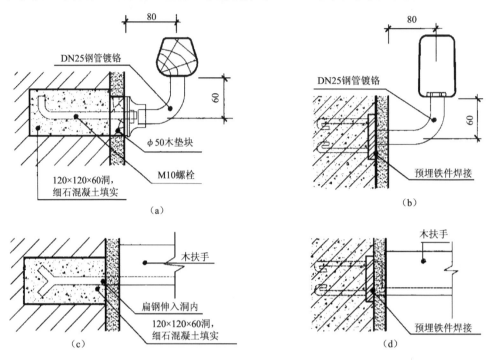

图2-3-19　扶手与墙面连接(单位:mm)

(7)楼梯起步和梯段转折处栏杆扶手处理

在底层第一跑梯段起步处,为增强栏杆刚度和美观,可以对第一级踏步和栏杆扶手进行特殊处理,如图2-3-20所示。

图2-3-20　楼梯起步处理举例

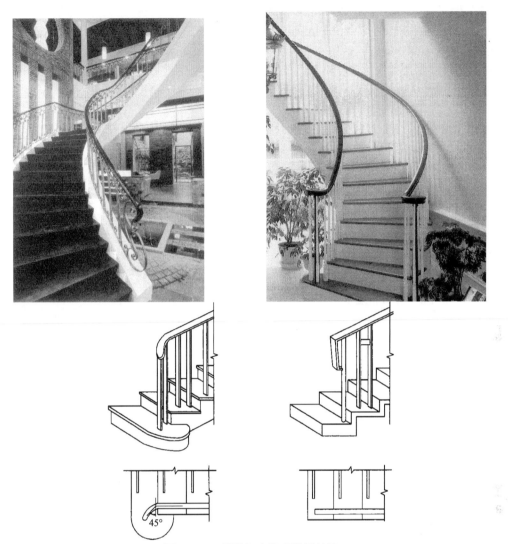

图 2-3-20　楼梯起步处理举例(续)

在梯段转折处,由于梯段间的高差关系,为了保持栏杆高度一致和扶手的连续,需根据不同情况进行处理,如图 2-3-21 所示。

当上下梯段齐步时,上下扶手在转折处同时向平台延伸半步,使两扶手高度相等,连接自然,但这样做缩小了平台的有效深度。

如扶手在转折处不伸入平台,下跑梯段扶手在转折处需上弯形成鹤颈扶手;因鹤颈扶手制作较麻烦,也可改用直线转折的硬接方式。

当上下梯段错一步时,扶手在转折处不需向平台延伸即可自然连接。当长短跑梯段错开几步时,将出现一段水平栏杆。

5. 常用现浇钢筋混凝土楼梯的结构形式

① 板式楼梯:梯段板两端搁在平台梁上,相当于斜放的一块板。

特点:底面光滑平整,外形简单,施工方便,但耗材多,荷载较大时,板的厚度将增大,适用梯段长度≤3m 的楼梯。

② 梁板式(斜梁式)楼梯,如图 2-3-22 所示。

组成:踏步板、斜梁、平台梁、平台板。

特点:板厚小,用料经济,适用于梯段长度≥3m 的楼梯。

形式:明步、暗步。

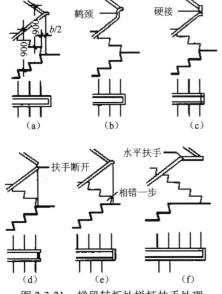

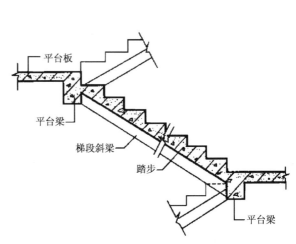

图 2-3-21　梯段转折处栏杆扶手处理　　　　图 2-3-22　梁板式(斜梁式)楼梯

③ 扭板式楼梯,如图 2-3-23 所示。梯段为一块扭曲板,中间厚两边薄。

特点:板底平顺,占空间少,造型美观,但板跨大,受力复杂,结构设计和施工难度大,材料用量大。

④ 悬挑梁板式楼梯,如图 2-3-24 所示。楼梯踏步板从斜梁两边或一边悬挑伸出。

图 2-3-23　扭板式楼梯　　　　图 2-3-24　悬挑梁板式楼梯

⑤ 悬挂式楼梯,如图 2-3-25 所示。利用栏杆或者另设拉杆,把整个梯段或者踏步板逐块吊挂在上方的梁或者其他的受力构件上,形成悬挂楼梯。

⑥ 直接将踏步做成踏步块安放在中心的立柱上,然后调整角度并加以固定,如图 2-3-26 所示。

図 2-3-25　悬挂式楼梯　　　　　　　　　　図 2-3-26　立柱式楼梯

2.5.2　台阶与坡道

台阶与坡道往往是实现不同地面高差之间的重要交通联系部件(图 2-3-27)。由于其位置明显,人流量大,并需考虑无障碍设计,又处于半露天位置,特别是当室内外高差较大或基层土质较差时,须慎重处理。

图 2-3-27　台阶与坡道的应用举例

1. 台阶

(1)台阶尺度

台阶处于室外,踏步宽度应比楼梯大一些,使坡度平缓,以提高行走舒适度。其踏步高 h 一般在 100 ~ 150mm 左右,踏步宽 b 在 300 ~ 400mm 左右,步数根据室内外高差确定。在台阶与建筑出入口大门之间,常设一缓冲平台,作为室内外空间的过渡。平台深度一般不应 <1000mm,平台需做 3% 左右的排水坡度,以利雨水排除,如图 2-3-28 所示。

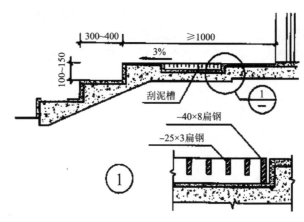

图 2-3-28   台阶尺度(单位:mm)

（2）台阶面层

由于台阶位于易受雨水侵蚀的环境之中,需慎重考虑防滑和抗风化问题。其面层材料应选择防滑和耐久的材料,如水泥石屑、斩假石(剁斧石)、天然石材、防滑地面砖等。对于人流量大的建筑的台阶,还宜在台阶平台处设刮泥槽。需注意刮泥槽的刮齿应垂直于人流方向。

（3）台阶垫层

步数较少的台阶,其垫层做法与地面垫层做法类似。一般采用素土夯实后按台阶形状尺寸做 C15 混凝土垫层或砖石垫层。标准较高的或地基土质较差的还可在垫层下加铺一层碎砖或碎石层。

对于步数较多或地基土质差的台阶,可根据情况架空成钢筋混凝土台阶,以避免过多填土或产生不均匀沉降。

严寒地区的台阶还需考虑地基土冻胀因素,可用含水率低的砂石垫层换土至冰冻线以下。图 2-3-29 所示为几种台阶构造示例。

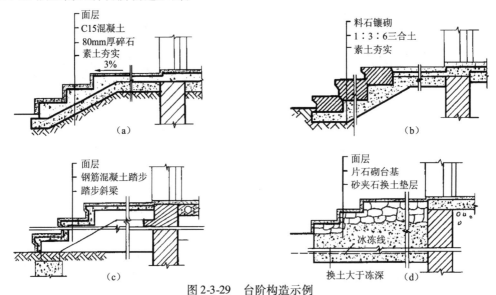

图 2-3-29   台阶构造示例

(a)混凝土台阶;(b)石砌台阶;(c)钢筋混凝土架空台阶;(d)换土地基台阶

2. 坡道

室内外的高差处理除用台阶连接外,尤其在公共建筑的出入口,需考虑无障碍设计的要求,还要考虑坡道连接,如图2-3-30所示。

坡道的形式如图2-3-31所示。

在需要无障碍设计建筑物的出入口内外,应留有不小于1500mm×1500mm平坦的轮椅回转面积平台,且平台处铁蓖子空格尺寸不大于20mm。

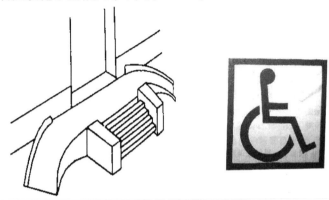

图2-3-30　考虑无障碍设计的坡道

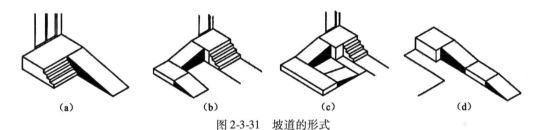

图2-3-31　坡道的形式
(a)一字形坡道;(b)L形坡道;(c)U字形坡道;(d)一字形多段式坡道

(1)坡道尺度

建筑物出入口的坡道宽度不应小于1200mm,坡度不宜大于1/12,当坡度为1/12时,每段坡道的高度不应大于750mm,水平投影长度不应大于9000mm。坡道的坡度、坡段高度和水平长度的最大容许值如表2-3-2所示。当长度超过时需在坡道中部设休息平台,休息平台的深度不小于1500mm,如图2-3-32所示,在坡道的起转弯时起点和终点处应留有深度不小于1500mm的轮椅缓冲区。

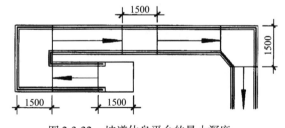

图2-3-32　坡道休息平台的最小深度

表2-3-2　每段坡道的坡度、坡段高度和水平长度的最大容许值(单位:mm)

坡度	1/20	1/16	1/12	1/10	1/8	1/6
坡段最大高度	1500	1000	750	600	350	200
坡段水平长度	30000	16000	9000	6000	2800	1200

（2）坡道扶手

坡道两侧宜在900mm 高度处和650mm 高度处设上下层扶手,扶手应安装牢固,能承受身体重量,扶手的形状要易于抓握。两段坡道之间的扶手应保持连贯性。坡道起点和终点处的扶手,应水平延伸300mm 以上。坡道侧面凌空时,在栏杆下端宜设高度不小于50mm 的安全挡台(图2-3-33)。

（3）坡道地面

坡道地面应平整,面层宜选用防滑及不易松动的材料(图2-3-34),构造做法如图2-3-35 所示。

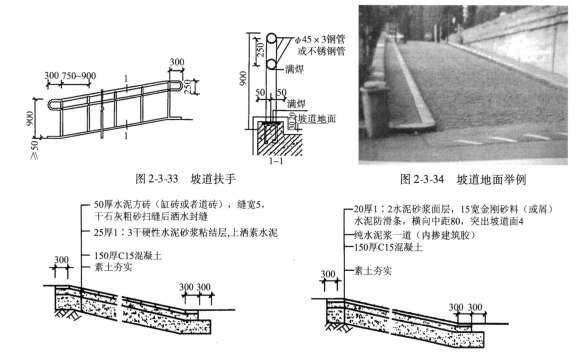

图2-3-33　坡道扶手　　　　　　　　图2-3-34　坡道地面举例

图2-3-35　坡道地面构造做法(单位:mm)

2.5.3　电梯与自动扶梯

1. 电梯

（1）电梯的类型

① 按使用性质分如下:

· 客梯:主要用于人们在建筑物中上下楼层的联系。

· 货梯:主要用于运送货物及设备。

· 消防电梯:主要用于在发生火灾、爆炸等紧急情况下消防人员紧急救援使用。

② 按电梯行驶速度分如下:

· 高速电梯,速度大于2m/s,目前最高速度达到9m/s 以上。

· 中速电梯,速度在1.5~2m/s 之间。

· 低速电梯,速度在1.5m/s 以内。

为缩短电梯等候时间,提高运送能力,需选用恰当的速度。速度选用一般随建筑层数增加和人流量增加而提高,以满足在期望的时间段内运送期望的人流量。低速电梯一般用于速度要求不高的客梯或货梯;中速电梯一般用于层数不多人流量不大的建筑中的客梯或货梯;高速电梯一般用于层数多人流量大的建筑中。消防电梯常用高速电梯,并要求在1min内从建筑底层到达顶层。

③ 其他分类。有按单台、双台分;按交流电梯、直流电梯分;按轿厢容量分;按升降驱动方式分;按电梯门开启方向分等。

④ 观光电梯:观光电梯是把竖向交通工具和登高流动观景相结合的电梯。电梯从封闭的井道中解脱出来,透明的轿厢使电梯内外景观视线相互流通。

(2)电梯的组成

电梯构造组成如图2-3-36所示。

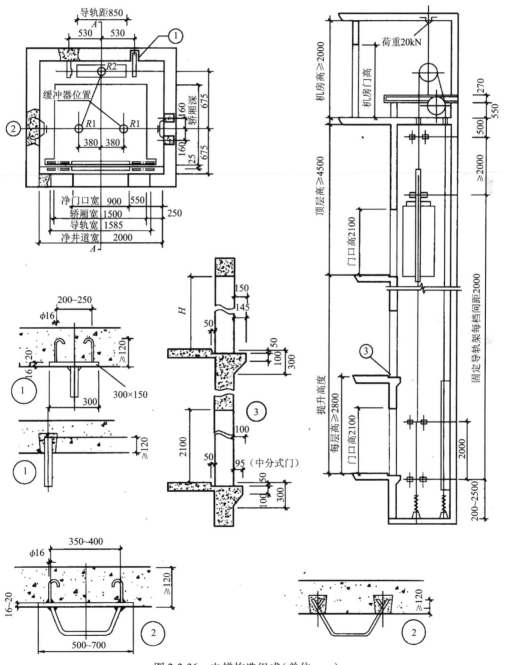

图2-3-36　电梯构造组成(单位:mm)

① 电梯井道:不同性质的电梯,其井道根据需要有各种井道尺寸,以配合不同的电梯轿厢。井道壁多为钢筋混凝土井壁或框架填充墙井壁。

② 电梯机房:机房和井道的平面相对位置允许机房任意向一个或两个相邻方向伸出,并满足机房有关设备安装的要求。

③ 井道地坑:井道地坑在最底层平面标高下≥1.3m,作为轿厢下降时所需的缓冲器的安装空间。

④ 组成电梯的有关部件如下:

· 轿厢是直接载人,运货的厢体。

· 井壁导轨和导轨支架,是支撑、固定轿厢上下升降的轨道。

· 牵引轮及其钢支架、钢丝绳、平衡锤、轿厢开关门、检修起重吊钩等。

· 有关电器部件。交流、直流电动机、控制柜、继电器、选层器、动力照明、电源开关、厅外层数指示灯和厅外上下召唤盒开关等。

(3)电梯与建筑物相关部位构造

① 电梯井道:每个电梯井道平面净空尺寸需根据选用的电梯型号要求决定,一般为(1800~2500)mm×(2100~2600)mm。电梯安装导轨支架分预留孔插入式和预埋铁焊接式,井道壁为钢筋混凝土时,应预留150mm×150mm×150mm孔洞,垂直中距2m,以便安装支架。井道壁为框架填充墙时,框架(圈梁)上应预埋铁板,铁板后面的焊件与梁中钢筋焊牢。每层中间加圈梁一道,并需设置预埋铁板。当电梯为两台并列时,中间可不用隔墙而按一定的间隔放置钢筋混凝土梁或型钢过梁,以便安装支架。

② 梯井道底坑:井道底坑深度一般在电梯最底层平面标高下1300~2000mm左右,作为轿厢下降到最底层时所需的缓冲器空间。底坑需注意防潮防水,消防电梯的井道底坑还需设置排水装置。

③ 电梯机房:电梯机房除特殊需要设在井道下部外,一般均设在井道顶板之上。机房平面净空尺寸变化幅度很大,为(1600~6000)mm×(3200~5200)mm,需根据选用的电梯型号要求决定。电梯机房中电梯井道的顶板面需根据电梯型号的不同,高于顶层楼面4000~4800mm左右。这一要求高度因一般与顶层层高不吻合,故通常需使井道顶板部分高于屋面或整个机房地面高于屋面。井道顶板上空至机房顶棚尚需留不低于2000mm的空间高度。通向机房的通道和楼梯宽度不小于1.2m,楼梯坡度不大于45°。机房楼板应平坦整洁,机房楼板和机房顶板应满足电梯所要求的荷载。机房需有良好的通风、隔热、防寒、防尘、减噪措施。

2. 自动扶梯

自动扶梯是通过机械传动,在一定方向上能大量连续输送人流的装置,有踏步梯和坡道梯之分。

自动扶梯可用于室内或室外。常用于人流量很大的商场、超市、车站等,如图2-3-37所示。用于室内时,运输垂直高度最低3m,最高可达11m左右;用于室外时,运输垂直高度最低3.5m,最高可达60m左右。自动扶梯倾角有27.3°、30°、35°几种角度。常用30°角度。速度一般为0.45~0.75m/s。常用速度为0.5m/s。可正向逆向运行。自动扶梯的宽度一般有600、800、1000、1200mm几种,理论载客量为4000~10000人次/h。

自动扶梯作为整体性设备与土建配合需注意其上下端支撑点在楼盖处的平面空间尺寸关系;注意楼层梁板与梯段上人流通行安全的关系;还需满足支撑点的荷载要求;自动扶梯使上

下楼层空间连续为一体,当防火分区面积超过规范限定时,需进行特殊处理。

图 2-3-37　自动扶梯的应用举例

自动扶梯构造如图 2-3-38 所示。

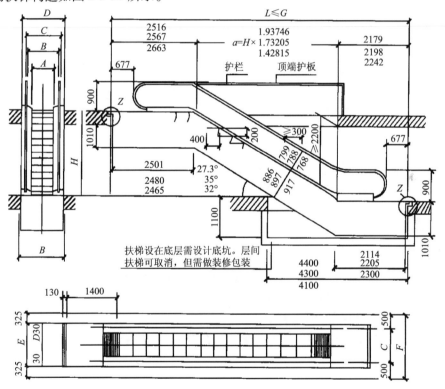

图 2-3-38　自动扶梯的平面、立面及剖面示意图(单位:mm)

任务实施

由教师指定各组考察对象(如附近教学楼、图书馆、宿舍、体育馆、医院、办公楼、影剧院、技术馆、住宅等),学生以 4~6 人为一组对建筑楼电梯考察参观、拍照并做成 PPT 汇报交流,组长负责组织。

任务评价

评价等级	评 价 内 容
优秀(90～100)	不需要他人指导,组员之间团结协作,能够正确按照任务描述按时完成任务;PPT制作条理清晰、图文并茂、画面重点突出;汇报过程语言表达准确、流畅;并能指导他人完成任务
良好(80～89)	需要他人指导,组员之间团结协作,能够正确按照任务描述按时完成任务;PPT制作条理清晰、图文并茂、画面重点突出;汇报过程语言表达准确、流畅
中等(70～79)	在他人指导下,组员之间团结协作,能够按照任务描述按时完成任务;PPT制作图文并茂,画面重点突出,汇报过程语言表达流畅
及格(60～69)	在他人指导下,能够按照任务描述按时完成任务;PPT制作图文并茂,汇报过程语言表达流畅

思考与练习

1. 楼梯由几部分组成?各有什么要求?
2. 楼梯的形式有哪些?影响楼梯的形式的因素有哪些?
3. 简述楼梯的位置与门厅的关系。
4. 简述台阶和坡道的位置和作用。
5. 简述电梯、自动扶梯的位置及与楼梯之间的关系。
6. 简述无障碍设计与社会的关系。

任务4 分组考察周边不同建筑的屋顶

任务目标

了解建筑构造组成——屋顶的位置和作用。

任务要求

① 考察屋顶形式。
② 考察屋顶的排水方式。
③ 考察上人屋顶的细部构造,如出入屋面门口、泛水、栏板等。
④ 考察上人屋顶的屋面面层材料、做法。
⑤ 考察上人屋顶的保温、隔热措施。
⑥ 考察上人屋顶的变形缝位置,并与墙体、楼层变形缝联系对比。

知识与技能

2.6 屋顶

屋顶作为房屋建筑最上部的组成部分,应满足相应的使用功能要求,为建筑提供适宜的内部空间环境。

屋顶在承重、为我们遮风挡雨的同时,又是建筑体量的一部分,其形式对建筑物的造型有很大影响。即屋顶在建筑中起承重、围护(保温隔热、防水排水等)、立面造型的作用。

2.6.1 屋顶的形式和设计要求

屋顶按所使用的材料,可分为钢筋混凝土屋顶、瓦屋顶、金属屋顶、玻璃屋顶等。我们着重从形式方面讲述。

1. 屋顶的形式

在我们周围的建筑中,建筑的屋顶根据建筑的不同而形态各异。有看起来比较平面的平屋顶,也有明显有坡的坡屋顶,还有其他形态的屋顶,如悬索屋顶、薄壳屋顶、拱屋顶、折板屋顶、金属网架屋顶等。

为满足屋顶排水的要求,屋顶都有一定的坡度。屋顶的坡度可以用斜率法、百分比法、角度法表示,如图2-4-1所示。斜率法可用于坡屋顶也可用于平屋顶,百分比法主要用于平屋顶,角度法通常用于坡屋顶。

影响屋顶坡度的因素有当地气候条件,年降雨量的多少;屋面防水材料的尺寸大小(图2-4-2);屋顶使用功能(如屋面排水的路线较长,屋顶有上人活动的要求,屋顶蓄水等屋面的坡度可适当小一些,反之则可以取较大的排水坡度);屋顶结构形式;建筑立面造型。

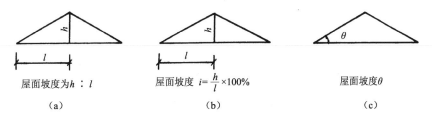

屋面坡度为 $h:l$ 屋面坡度 $i=\dfrac{h}{l}\times100\%$ 屋面坡度 θ

（a）   （b）   （c）

图2-4-1 屋顶坡度表示方法

（a）斜率法；（b）百分比法；（c）角度法

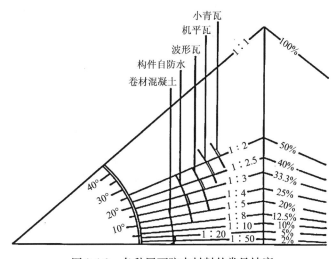

图2-4-2 各种屋面防水材料的常见坡度

（1）平屋顶

我们常将坡度≤10%的屋顶称为平屋顶。常用坡度有2%、3%,上人屋面常用坡度为1%~2%。平屋顶是现代建筑广泛采用的一种屋顶形式,如图2-4-3所示。

图 2-4-3　平屋顶

（2）坡屋顶

坡度 > 10% 的屋顶称为坡屋顶。坡度一般为 20°～30°。坡屋顶是我国传统建筑中一种广泛的屋顶形式,在现代某些公共建筑中,出于景观环境或建筑风格的要求的考虑也常采用坡屋顶。坡屋顶的常见形式有单坡、双坡屋顶,硬山及悬山屋顶,四坡歇山及庑殿屋顶,圆形或多角形攒尖屋顶等,如图 2-4-4 所示。

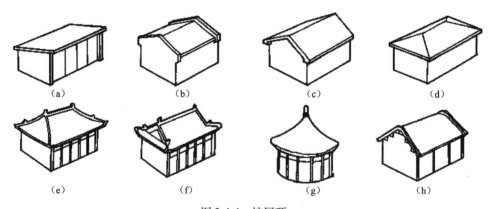

图 2-4-4　坡屋顶

（a）单坡;（b）硬山;（c）悬山;（d）四坡;（e）庑殿;（f）歇山;（g）攒尖;（h）卷棚

此外,还有各种曲面屋顶,如图 2-4-5 所示。这些屋顶的结构形式独特,其传力系统、材料性能、施工及结构技术等都有一系列的理论和规范,再通过结构设计形成结构覆盖空间。建筑设计在此基础上可以进行艺术处理,以创造出丰富多样的建筑形式。

2. 屋顶的设计要求

① 防水可靠,排水迅速。

② 保温隔热性能良好。

③ 结构安全可靠。

④ 艺术造型美观。

⑤ 满足其他功能要求(屋顶花园、停机坪、太阳能集热器等)。

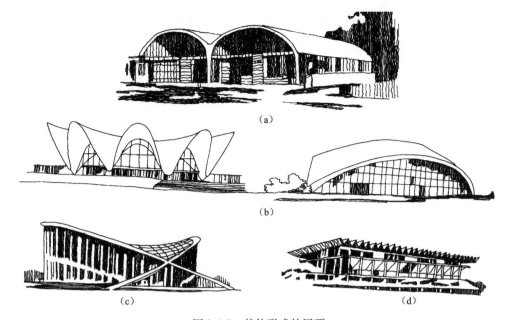

图 2-4-5　其他形式的屋顶

(a)拱屋顶;(b)薄壳屋顶;(c)悬索屋顶;(d)折板屋顶

2.6.2　屋顶的排水

屋顶要满足排水要求,屋面就必须形成一定坡度,在一定坡度的基础上合理地进行排水。

1. 屋面排水坡度的形成

屋面主要有两种坡度形成方式:

(1)材料找坡

将屋面板水平搁置,其上用轻质材料垫置起坡,这种方法称为材料找坡。常见的找坡材料有水泥焦渣、石灰炉渣等。由于找坡材料的强度和平整度往往均较低,应在其上加设水泥砂浆找平层。采用材料找坡的房屋,室内可获得水平的顶棚面,但找坡层会加大结构荷载,当房屋跨度较大时尤为明显。材料找坡适用于跨度不大的平屋顶,坡度宜为 2%,如图 2-4-6 所示。

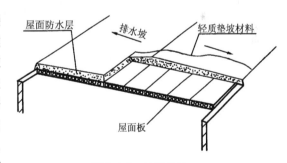

图 2-4-6　材料找坡

(2)结构找坡

将平屋顶的屋面板倾斜搁置,形成所需排水坡度,不在屋面上另加找坡材料,这种方法称为结构找坡,如图 2-4-7 所示。结构找坡省工省料,构造简单,不足之处是室内顶棚呈倾斜状。结构找坡适用于室内美观要求不高或设有吊顶的房屋。单坡跨度大于 9m 的屋顶宜做结构找坡,且坡度不应小于 3%。坡屋顶也是结构找坡,由屋架形成排水坡度。

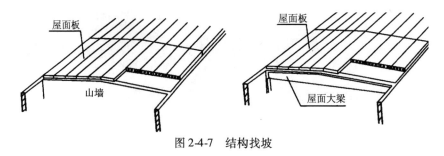

图 2-4-7 结构找坡

2. 屋面排水方式

屋顶排水方式分为无组织排水和有组织排水两种。

（1）无组织排水

无组织排水又称自由落水，指屋面雨水自由地从檐口落至室外地面。

自由落水构造简单，造价低廉，缺点是自由下落的雨水会溅湿墙面。

这种方式适用于三层及三层以下或檐高不大于 10m 的中、小型建筑物或少雨地区建筑（年降雨量≤900mm 地区）。但标准较高的低层建筑或临街建筑都不宜采用。常见无组织排水如图 2-4-8 所示。

（2）有组织排水

有组织排水是通过排水系统，将屋面积水有组织地排至地面。即把屋面划分成若干排水区，使雨水有组织地排到檐沟中，经过水落口排至水落斗，再经水落管排到室外，最后排往城市地下排水管网系统，如图 2-4-9 所示。

图 2-4-8　无组织排水

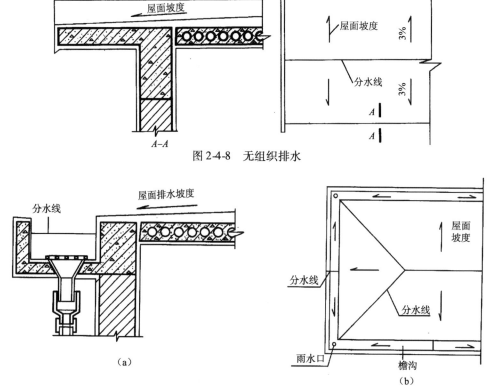

图 2-4-9　有组织排水

有组织排水方式的采用与降雨量大小及房屋的高度有关。在年降雨量大于900mm的地区,当檐口高度大于8m时;或年降雨量小于900mm地区,檐口高度大于10m时,应采用有组织排水。有组织排水广泛应用于多层及高层建筑。高标准低层建筑、临街建筑及严寒地区的建筑也应采用有组织排水方式。

有组织排水方式有外排水和内排水之分:

① 外排水:外排水系根据屋面大小做成四坡、双坡或单坡排水。由于屋面做出排水坡,在不同的坡面相交处就形成了分水线,将整个屋面明确地划分为一个个排水区。排水坡的底部应设屋面落水口。

挑檐沟外排水:在屋面四周或纵向檐口处挑出檐沟,沟内纵向找坡0.5%~1%,沟底设雨水口连接雨水管,如图2-4-10所示。

女儿墙外排水:高出屋面的女儿墙内垫坡,墙底设雨水口连接墙外雨水管,如图2-4-11~图2-4-13所示。

女儿墙挑檐沟外排水:既设挑檐沟又设女儿墙,墙底设排水口,沟底设雨水口连接雨水管,如图2-4-14所示。

② 内排水:内排水也将屋面做成坡度,使雨水经埋置于建筑物内部的雨水管排到室外。

女儿墙内檐沟:在女儿墙内设檐沟,墙底设雨水口连接雨水管。

内天沟:在屋面中部沿纵向设置天沟,沟底设雨水口连接雨水管。

内坡排水:在屋面中部设置雨水口,连接雨水管,如图2-4-15所示。

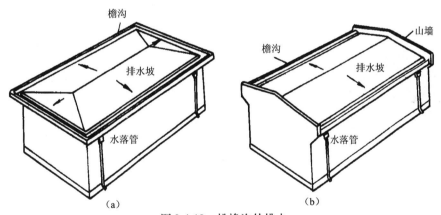

图 2-4-10 挑檐沟外排水

(a)四周檐沟;(b)两面檐沟山墙出顶

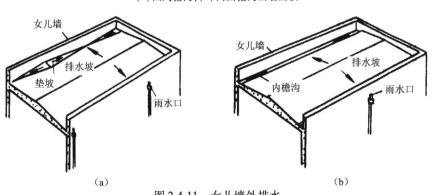

图 2-4-11 女儿墙外排水

(a)女儿墙内垫排水坡;(b)女儿墙内檐沟

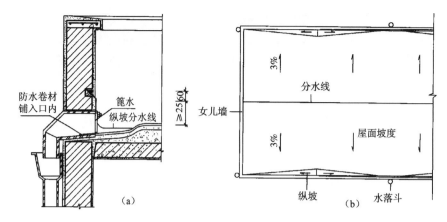

图 2-4-12 平屋顶女儿墙外排水剖面和平面举例

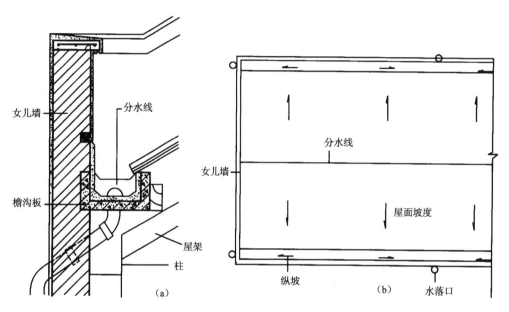

图 2-4-13 坡屋顶女儿墙外排水剖面和平面举例

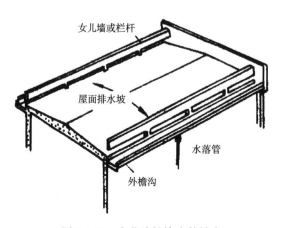

图 2-4-14 女儿墙挑檐沟外排水

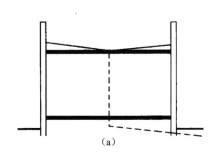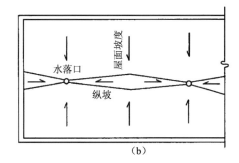

图 2-4-15 内排水

内排水的水落管设于室内,构造复杂,极易渗漏,维修不便,常见于高层建筑、多跨及集水面较大的屋面。北方为防止排水管被冻结也常做内排水处理。

内排水屋面的水落管往往在室内,依墙或柱子,万一损坏,不易修理。因此,雨水管应选用能抗腐蚀及耐久性好的铸铁管和铸铁排水口,也可以采用镀锌钢管或 PVC 管。

有组织排水宜优先采用外排水。

3. 有组织排水组织设计要点

采用有组织排水方式时,应使屋面流水线路短捷,檐沟或天沟流水通畅,雨水口的负荷适当且布置均匀。具体有以下设计要点:

① 檐沟净宽度≥200mm,分水线最小深度≥120mm。

② 雨水口的间距≤18m。

③ 檐沟或天沟应有纵向坡度1%,使沟内雨水迅速排到水落口。

④ 屋面宽度<12m 时,可采用单坡排水。

⑤ 雨水管管径100～125mm,安装时离墙面距离不小于20mm,用管箍卡在墙面上,管箍间距≤1.2m。

⑥ 屋面流水线路不宜过长。屋面宽度较小时可做成单坡排水;如屋面宽度较大(≥12m以上)时宜采用双坡排水。

⑦ 水落口负荷按每个水落口排除 150～200m² 屋面集水面积的雨水量估算,且应符合《建筑给水排水设计规范》GB 50015 的有关规定。当屋面有高差时,如高处屋面的集水面积小于100m²,可将高处屋面的雨水直接排在低屋面上,但出水口处应采取防护措施;如高处屋面面积大于100m²,高屋面则应自成排水系统。

2.6.3 屋顶的防水

作为围护结构,屋顶最基本的功能是防止渗漏,因而屋顶构造设计的主要任务就是解决防水问题。

我国现行的《屋面工程技术规范》GB 50345—2012 中规定,屋面防水工程应根据建筑物的类别、重要程度、使用功能要求确定防水等级,并按相应等级进行防水设防;对防水有特殊要求的建筑屋面,应进行专项防水设计。屋面防水等级和设防要求应符合表 2-4-1 规定。

表2-4-1　屋面防水等级和设防要求

防水等级	建筑类别	设防要求
Ⅰ级	重要建筑和高层建筑	两道设防要求
Ⅱ级	一般建筑	一道设防要求

2.6.4　屋顶的保温与隔热

屋顶与外墙都同属房屋的外围护结构,不仅要能遮风避雨,还应具有保温和隔热的功能。

1. 屋顶的保温

寒冷地区或装有空调设备的建筑,其屋顶应设计成保温屋面。

(1)屋顶保温材料

保温材料一般为轻质、疏松、多孔或纤维的材料,其重度不大于$10kN/m^3$,导热系数不大于$0.25W/(m \cdot K)$。按其形状可分为以下三种类型:

① 松散保温材料:常用的松散材料有膨胀蛭石(粒径3～15mm)、膨胀珍珠岩、矿棉、岩棉、玻璃棉、炉渣(粒径5～40mm)等。

② 整体保温材料:通常用水泥或沥青等胶结材料与松散保温材料拌合,整体浇筑在需保温的部位,如沥青膨胀珍珠岩、水泥膨胀珍珠岩、水泥膨胀蛭石、水泥炉渣等。

③ 板状保温材料:如加气混凝土板、泡沫混凝土板、膨胀珍珠岩板、膨胀蛭石板、矿棉板、泡沫塑料板、岩棉板、木丝板、刨花板、甘蔗板等。有机纤维材的保温性能一般较无机板材为好,但耐久性较差,只有在通风条件良好、不易腐烂的情况下使用才较为适宜。

(2)平屋顶的保温

平屋顶的屋面坡度较缓,宜于在屋面结构层上放置保温层。由于刚性防水屋面防水层易开裂渗漏,造成内置的保温层受潮失去保温作用,一般不宜设置保温层,故保温层多设于卷材防水或涂膜防水屋面。根据保温层和防水层的位置关系有两种处理方式:

① 内置式保温:将保温层放在结构层之上,防水层之下,成为封闭的保温层的方式,又称正置式保温。其特点是保温层做在防水层之下,对防水层起到一个屏蔽和防护的作用,使之不受阳光和气候变化的影响而温度变形较小,也不易受到来自外界的机械损伤,如图2-4-16所示。

图2-4-16中保温层上设找平层,是因为保温材料的强度通常较低,表面也不够平整,其上需经找平后才便于铺贴防水卷材。

图2-4-16中保温层下设隔汽层是因为冬季室内气温高于室外,热气流从室内向室外渗透,空气中的水蒸气随热气流从屋面板的孔隙渗透进保温层,由于水的导热系数比空气大得多,一旦多孔隙的保温材料进了水便会大大降低其保温效果。同时,积存在保温材料中的水分遇热也会转化为蒸汽而膨胀,容易引起卷材防水层的起鼓。因此,正置式保温层下应铺设隔蒸汽层,常用做法是"一毡二油"或"一布四油"。隔蒸汽层阻止了外界水蒸气渗入保温层,但也产生一些

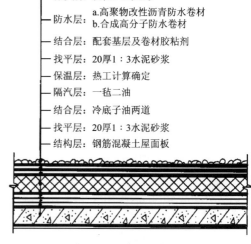

保护层:粒径3~5绿豆砂
防水层:a.高聚物改性沥青防水卷材　b.合成高分子防水卷材
结合层:配套基层及卷材胶粘剂
找平层:20厚1∶3水泥砂浆
保温层:热工计算确定
隔汽层:一毡二油
结合层:冷底子油两道
找平层:20厚1∶3水泥砂浆
结构层:钢筋混凝土屋面板

图2-4-16　内置式保温

副作用。因为保温层的上下均被不透水的材料封住,如施工中保温材料或找平层未干透就铺设了防水层,残存于保温层中的水蒸气就无法散发出去。为了解决这个问题,需在保温层中设置排汽道,道内填塞大粒径的炉渣,既可让水蒸气在其中流动,又可保证防水层的坚实牢靠,找平层内的相应位置也应留槽做排汽道,并在其上干铺一层宽200mm的卷材,卷材用胶粘剂单边点贴铺盖。排汽道应在整个屋面纵横贯通,并与连通大气的排汽孔相通,如图2-4-17所示。排汽孔的数量视基层的潮湿程度而定,一般以每$36m^2$设置一个为宜。

② 外置式保温:将保温层放在防水层上,成为敞露的保温层的方式,又称倒置式保温。倒置式保温屋面的保温材料应采用吸湿性小的憎水材料,如聚苯乙烯泡沫塑料板、聚氨酯泡沫塑料板等,不宜采用如加气混凝土或泡沫混凝土这类吸湿性强的保温材料。保温层上的保护层应选择有一定重量、足以压住保温层的材料,使之不致在下雨时漂浮起来。可选择大粒径的石子或混凝土板做保护层,不能采用绿豆砂保护层。因此,倒置式屋面的保护层要比正置式的厚重一些,如图2-4-18所示。

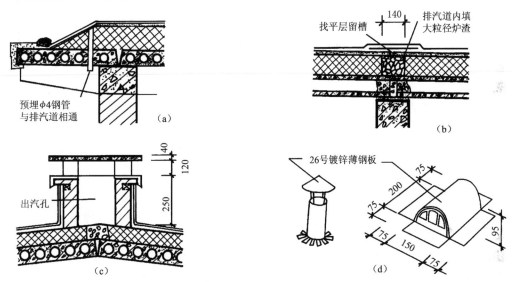

图 2-4-17 排汽道构造(单位:mm)
(a)檐口排汽管;(b)保温层排汽管;(c)排汽孔;(d)通风帽

2. 屋顶隔热

屋顶隔热降温的基本原理是:减少直接作用于屋顶表面的太阳辐射热量,所采用的主要构造做法是:屋顶间层通风隔热、屋顶蓄水隔热、屋顶植被隔热、屋顶反射阳光隔热等。

(1)屋顶通风隔热

通风隔热就是在屋顶设置架空通风间层,使其上层表面遮挡阳光辐射,同时利用风压和热压作用将间层中的热空气不断带走,使通过屋面板传入室内的热量大为减

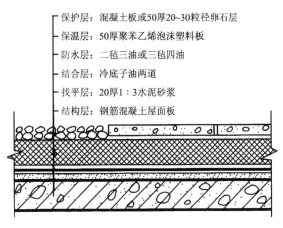

保护层:混凝土板或50厚20~30粒径卵石层
保温层:50厚聚苯乙烯泡沫塑料板
防水层:二毡三油或三毡四油
结合层:冷底子油两道
找平层:20厚1:3水泥砂浆
结构层:钢筋混凝土屋面板

图 2-4-18 倒置式油毡保温屋面构造

少,从而达到隔热降温的目的。通风间层的设置通常有两种方式:一种是在屋面上做架空通风隔热间层,另一种是利用吊顶棚内的空间做通风间层。

① 架空通风隔热层:架空通风隔热层设于屋面防水层上,架空层内的空气可以自由流通,其隔热原理是:一方面利用架空的面层遮挡直射阳光,另一方面架空层内被加热的空气与室外冷空气产生对流,将层内的热量源源不断地排走,从而达到降低室内温度的目的。

架空通风层通常用砖、瓦、混凝土等材料及制品制作,如图 2-4-19 所示。其中最常用的是图 2-4-19(a)所示的砖墩架空混凝土板(或大阶砖)通风层。

架空通风层的设计要点有:

a. 架空层的净空高度应随屋面宽度和坡度的大小而变化:屋面宽度和坡度越大,净空越高,但不宜超过 360mm,否则架空层内的风速将反而变小,影响降温效果。架空层的净空高度一般以 180~300mm 为宜。屋面宽度大于 10m 时,应在屋脊处设置通风桥以改善通风效果。

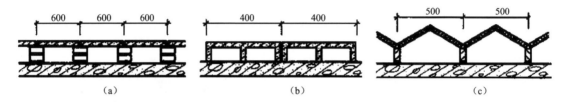

图 2-4-19 架空通风隔热(单位:mm)

(a)架空预制板(或大阶砖);(b)架空混凝土山形板;(c)架空钢丝网水泥折板

b. 为保证架空层内的空气流通顺畅,其周边应留设一定数量的通风孔,图 2-4-20(b)是将通风孔留设在对着风向的女儿墙上。如果在女儿墙上开孔有碍于建筑立面造型,也可以在离女儿墙至少 250mm 宽的范围内不铺架空板,让架空板周边开敞,以利空气对流。

c. 隔热板的支撑物可以做成砖垄墙式的,如图 2-4-20(a)所示,也可做成砖墩式的,如图 2-4-20(b)所示。当架空层的通风口能正对当地夏季主导风向时,采用前者可以提高架空层的通风效果。但当通风孔不能朝向夏季主导风向时,采用砖垄墙式的反而不利于通风。这时最好采用砖墩支撑架空板方式,这种方式与风向无关,但通风效果不如前者。这是因为砖垄墙架空板通风是一种巷道式通风,只要正对主导风向,巷道内就易形成流速很快的对流风,散热效果好。而砖墩架空层内的对流风速要慢得多。

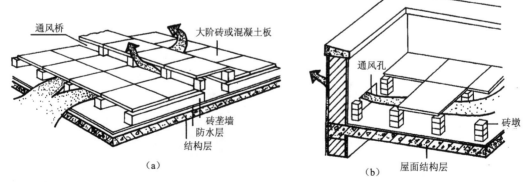

图 2-4-20 通风桥与通风孔

(a)架空隔热层与通风桥;(b)架空隔热层与女儿墙通风孔

② 顶棚通风隔热:利用顶棚与屋面间的空间做通风隔热层可以起到架空通风层同样的作用。图 2-4-21 是几种常见的顶棚通风隔热屋面构造示意,设计中应注意满足下列要求:

a. 必须设置一定数量的通风孔,使顶棚内的空气能迅速对流。平屋顶的通风孔通常开设在外墙上,孔口饰以混凝土花格或其他装饰性构件,如图 2-4-21(a)所示。坡屋顶的通风孔常设在挑檐顶棚处、檐口外墙处、山墙上部,如图 2-4-21(c)、(d)所示。屋顶跨度较大时还可以在屋顶上开设天窗作为出气孔,以加强顶棚层内的通风,如图 2-4-21(d)、(e)所示。进气孔可根据具体情况设在顶棚或外墙上。有的地方还利用空心屋面板的孔洞作为通风散热的通道,如图 2-4-21(b)所示,其进风孔设在檐口处,屋脊处设通风桥。有的地区则在屋顶安放双层屋面板而形成通风隔热层,其中上层屋面板来铺设防水层,下层屋面板则用做通风顶棚,通风层的四周仍需设通风孔。

b. 顶棚通风层应有足够的净空高度,应根据各综合因素所需高度加以确定。如通风孔自身的必需高度、屋面梁、屋架等结构的高度、设备管道占用的空间高度及供检修用的空间高度等。仅作通风隔热用的空间净高一般为 500mm 左右。

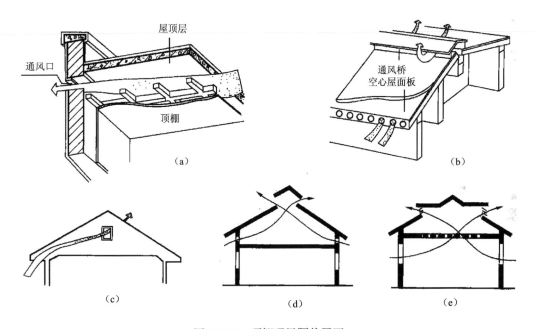

图 2-4-21　顶棚通风隔热屋面

(a)在外墙上设通风孔;(b)空心板孔通风;(c)檐口及山墙通风孔;(d)外墙及天窗通风孔;(e)顶棚及天窗通风孔

c. 通风孔须考虑防止雨水飘进,特别是无挑檐遮挡的外墙通风孔和天窗通风口应注意解决好飘雨问题。当通风孔较小(不大于 300mm×300mm)时,只要将混凝土花格靠外墙的内边缘安装,利用较厚的外墙洞口即可挡住飘雨。当通风孔尺寸较大时,可以在洞口处设百叶窗片挡雨,如图 2-4-22 所示。

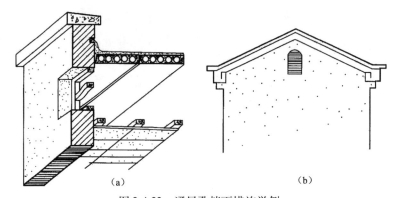

图 2-4-22　通风孔挡雨措施举例

(a) 通风孔花格窗朝外墙内沿安装；(b) 通风孔用百叶窗挡雨

d. 应注意解决好屋面防水层的保护问题。较之架空板通风屋面,顶棚通风屋面的防水层由于暴露在大气中,缺少了架空层的遮挡,直射阳光可引起刚性防水层的变形开裂,还会使混凝土出现碳化现象。防水层的表面一旦粉化,内部的钢筋便会锈蚀。因此,炎热地区应在刚性防水屋面的防水层上涂上浅色涂料,既可用以反射阳光,又能防止混凝土碳化。卷材特别是油毡卷材屋面也应做好保护层,以防屋面过热导致油毡脱落和玛琋脂流淌。

(2) 蓄水隔热

蓄水隔热屋面利用平屋盖所蓄积的水层来达到屋盖隔热的目的,其原理为:在太阳辐射和室外气温的综合作用下,水能吸收大量的热而由液体蒸发为气体,从而将热量散发到空气中,减少了屋盖吸收的热能,起到隔热的作用。水面还能反射阳光,减少阳光辐射对屋面的热作用。水层在冬季还有一定的保温作用。此外,水层长期将防水层淹没,使混凝土防水层处于水的养护下,减少由于温度变化引起的开裂和防止混凝土的碳化,使诸如沥青和嵌缝胶泥之类的防水材料在水层的保护下推迟老化过程,延长使用年限。

在我国南方地区,蓄水屋面对于建筑的防暑降温和提高屋面的防水质量能起到很好的作用。如果在水层中养殖一些水浮莲之类的水生植物,利用植物吸收阳光进行光合作用和叶片遮蔽阳光的特点,其隔热降温的效果将会更加理想。

蓄水屋面的构造设计主要应解决好以下几方面的问题:

① 水层深度及屋面坡度:过厚的水层会加大屋面荷载,过薄的水层夏季又容易被晒干,不便于管理。从理论上讲,50mm 深的水层即可满足降温与保护防水层的要求,但实际比较适宜的水层深度为 150~200mm。为保证屋面蓄水深度的均匀,蓄水屋面的坡度不宜大于 0.5%。

② 防水层的做法:蓄水屋面既可用于刚性防水屋面,也可用于卷材防水屋面。采用刚性防水层时也应按规定做好分格缝,防水层做好后应及时养护,蓄水后不得断水。采用卷材防水层时,其做法与前述的卷材防水屋面相同,应注意避免在潮湿条件下施工。

③ 蓄水区的划分:为了便于分区检修和避免水层产生过大的风浪,蓄水屋面应划分为若干蓄水区,每区的边长不宜超过 10m。

蓄水区间用混凝土做成分仓壁,壁上留过水孔,使各蓄水区的水层连通,但在变形缝的两侧应设计成互不连通的蓄水区。当蓄水屋面的长度超过 40m 时,应做横向伸缩缝一道。分仓壁也可用 M10 水泥砂浆砌筑砖墙,顶部设置直径 6mm 或 8mm 的钢筋砖带。

④ 女儿墙与泛水:蓄水屋面四周可做女儿墙并兼作蓄水池的仓壁。在女儿墙上应将屋面

防水层延伸到墙面形成泛水,泛水的高度应高出溢水孔 100mm。若从防水层面起算,泛水高度刚好为水层深度与 100mm 之和,即 250～300mm。

⑤ 溢水孔与泄水孔:为避免暴雨时蓄水深度过大,应在蓄水池外壁上均匀布置若干溢水孔,通常每开间约设一个,以使多余的雨水溢出屋面。为便于检修时排除蓄水,应在池壁根部设泄水孔,每开间约一个。泄水孔和溢水孔均应与排水檐沟或水落管连通。

⑥ 管道的防水处理:蓄水屋面不仅有排水管,一般还应设给水管,以保证水源的稳定。所有的给排水管、溢水管、泄水管均应在做防水层之前装好,并用油膏等防水材料妥善嵌填接缝。

综上所述,蓄水屋面与普通平屋盖防水屋面不同之处就是增加了"一壁三孔"。所谓一壁是指蓄水池的仓壁,三孔是指溢水孔、泄水孔、过水孔。"一壁三孔"概括了蓄水屋面的构造特征。

近年来,我国南方部分地区也有采用深蓄水屋面做法的,其蓄水深度可达 600～700mm,视各地气象条件而定。采用这种做法是出于水源完全由天然降雨提供,不需人工补充水的考虑。为了保证池中蓄水不致干涸,蓄水深度应大于当地气象资料统计提供的历年最大雨水蒸发量,也就是说蓄水池中的水即使在连晴高温的季节也能保证不干。深蓄水屋面的主要优点是不需人工补充水,管理便利,池内还可以养鱼增加收入。但这种屋面的荷载很大,超过一般屋面板承受的荷载。为确保结构安全,应单独对屋面结构进行验算。

(3)种植隔热

种植隔热的原理是:在平屋盖上种植植物,借助栽培介质隔热及植物吸收阳光进行光合作用和遮挡阳光的双重功效来达到降温隔热的目的。

种植隔热根据栽培介质层构造方式的不同可分为一般种植隔热和蓄水种植隔热两类。

一般种植隔热屋面是在屋面防水层上直接铺填种植介质,栽培各种植物。其构造要点为:

① 选择适宜的种植介质:为了不过多地增加屋面荷载,宜尽量选用轻质材料作栽培介质,常用的有谷壳、蛭石、陶粒、泥炭等,即所谓的无土栽培介质。近年来,还有以聚苯乙烯、尿甲醛、聚甲基甲酸酯等合成材料泡沫或岩棉、聚丙烯腈絮状纤维等作栽培介质的,其质量更轻,耐久性和保水性更好。

为了降低成本,也可以在发酵后的锯末中掺入约 30% 体积比的腐殖土做栽培介质,但密度较大,需对屋面板进行结构验算,且容易污染环境。

栽培介质的厚度应满足屋盖所栽种的植物正常生长的需要,可参考表 2-4-2 选用,但一般不宜超过 300mm。

表 2-4-2　种植层的深度

植物种类	种植层深度(mm)	备　　注
草皮	150～300	前者为该类植物的最小生存深度,后者为最小开花结果深度
小灌木	300～450	
大灌木	450～600	
浅根乔木	600～900	
深根乔木	900～1500	

② 种植床的做法:种植床又称苗床。可用砖或加气混凝土砌块来砌筑床埂。床埂最好砌

在下部的承重结构上,内外用1:3水泥砂浆抹面,高度宜大于种植层6mm左右。每个种植床应在其床埂的根部设不少于两个的泄水孔,以防种植床内积水过多造成植物烂根。为避免栽培介质的流失,泄水孔处需设滤水网,滤水网可用塑料网或塑料多孔板、环氧树脂涂覆的铁丝网等制作(图2-4-23)。

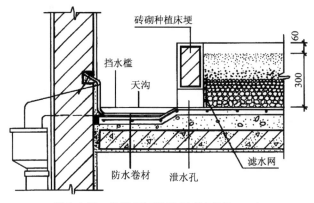

图2-4-23 种植屋面构造示意(单位:mm)

③ 种植屋面的排水和给水:一般种植屋面应有一定的排水坡度(1%~3%),以便及时排除积水。通常在靠屋面低侧的种植床与女儿墙间留出300~400mm的距离,利用所形成的天沟组织排水。如采用含泥沙的栽培介质,屋面排水口处宜设挡水槛,以便沉积水中的泥沙,这种情况要求合理地设计屋面各部位的标高。

种植层的厚度一般都不大,为了防止久晴天气苗床内干涸,宜在每一种植分区内设给水阀一个,以供人工浇水之用。

④ 种植屋面的防水层:种植屋面可以采用一道或多道(复合)防水设防,但最上面一道应为刚性防水层,要特别注意防水层的防蚀处理。防水层上的裂缝可用一布四涂盖缝,分隔缝的嵌缝油膏应选用耐腐蚀性能好的,不宜种植根系发达、对防水层有较强侵蚀作用的植物,如松、柏、榕树等。

⑤ 注意安全防护问题:种植屋面是一种上人屋面,需要经常进行人工管理(如浇水、施肥、栽种),因而屋盖四周应设女儿墙等作为护栏以利安全。

护栏的净保护高度不宜小于1.1m。如屋盖栽有较高大的树木或设有藤架等设施,还应采取适当的紧固措施,以免被风刮倒伤人。

(4)反射降温隔热

屋面受到太阳辐射后,一部分辐射热量被屋面材料吸收,另一部分被屋面反射出去。反射热量与入射热量之比称为屋面材料的反射率(用百分数表示)。该比值取决于屋盖表面材料的颜色和粗糙程度,色浅而光滑的表面比色深而粗糙的表面具有更大的反射率。表2-4-3所示为不同材料不同颜色屋面的反射率。设计中如果能恰当地利用材料的这一特性,也能取得良好的降温隔热效果。例如屋面采用浅色砾石、混凝土,或涂刷白色涂料,均可起到明显的降温隔热作用。

如果在吊顶棚通风隔热层中加铺一层铝箔纸板,其隔热效果更加显著,因为铝箔的反射率在所有材料中是最高的。

表 2-4-3 各种屋面材料的反射率

屋面材料与颜色	反射率(%)	屋盖表面材料与颜色	反射率(%)
沥青、玛琋脂	15	石灰刷白	80
油毡	15	砂	59
镀锌薄钢板	35	红	26
混凝土	35	黄	65
铝箔	89	石棉瓦	34

2.6.5 平屋顶的构造

1. 平屋顶的构造层次组成

平屋顶的基本组成除结构层外,根据功能要求还有防水层,保护层,保温、隔热层。在结构层上常设找平层,结构层下可设顶棚,如图 2-4-24 所示。

在选择设计屋面构造类型和构造层次的时候,通常综合考虑以下诸因素:

① 屋面防水等级、与此等级相应的设防要求以及防水屋面材料的相关要求。

② 上人或不上人。

③ 找坡方式,及其坡度大小。

④ 是否需要保温层、隔热层。

⑤ 材料供应和造价条件等。

2. 平屋顶的细部构造

(1)檐口构造

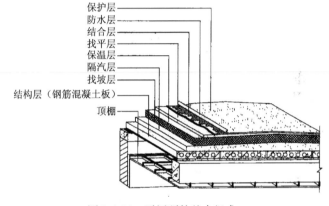

图 2-4-24 平屋顶的基本组成

① 无组织排水的檐口构造:当檐口出挑较大时,常采用预制钢筋混凝土挑檐板,与屋面板焊接,或伸入屋面一定长度,以平衡出挑部分的重量。亦可由屋面板直接出挑,但出挑长度不宜过大,檐口处做滴水线。预制挑檐板与屋面板的接缝要做好嵌缝处理,以防渗漏。目前常用做法是现浇圈梁挑檐。防水卷材收头处理如图 2-4-25所示。

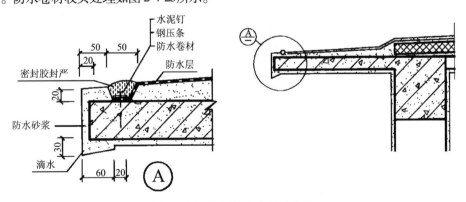

图 2-4-25 无组织排水檐口构造

② 有组织排水的檐口构造:檐沟可采用钢筋混凝土制作,挑出墙外,挑出长度大时可用挑梁支撑檐沟,如图 2-4-26(a)所示。在有女儿墙的檐口,檐沟可设于外墙内侧,如图 2-4-26(b)所示,在女儿墙上每隔一段距离设雨水口,檐沟内的水经雨水口流入雨水管中。亦有不设檐沟,雨水顺屋面坡度直通至雨水口排出女儿墙外,或借弯头直接通至雨水管中。

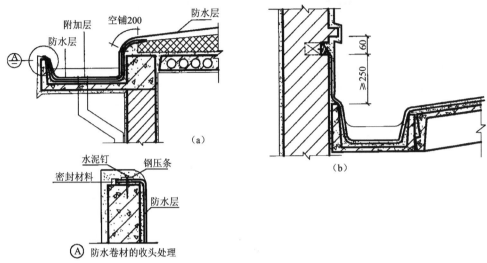

图 2-4-26 有组织排水檐口构造根据檐沟位置不同而不同

檐沟设在女儿墙内侧时,檐沟与女儿墙相连处要做好泛水设施(图 2-4-27),并应具有一定纵坡,一般不应小于 1%。檐沟设在女儿墙外侧时,挑檐檐沟为防止暴雨时积水产生倒灌或水外泄,沟深(减去起坡高度)不宜小于 150mm。屋面防水层应包入沟内,以防止沟与外檐墙接缝处渗漏,沟壁外口底部要做滴水线,防止雨水顺沟底流至外墙面(图 2-4-28)。

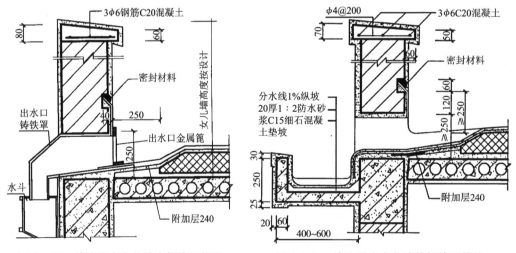

图 2-4-27 檐沟设在女儿墙内侧檐口构造   图 2-4-28 檐沟设在女儿墙外侧檐口构造

③ 坡檐口构造:建筑设计中出于造型方面的考虑,常采用一种平顶坡檐的处理形式,意在使较为呆板的平顶建筑具有某种传统的韵味,形象更为丰富。坡檐口的构造如图 2-4-29 所示。由于在挑檐的端部加大了荷载,结构和构造设计都应特别注意悬挑构件的抗倾覆问题,要处理好构件的拉结锚固。

（2）泛水构造

泛水是指屋面与垂直墙面相交处的防水处理。女儿墙、山墙、烟囱、变形缝等屋面与垂直墙面相交部位,均需做泛水处理,防止交接缝出现漏水。

① 柔性防水屋面的泛水构造要点及做法:

a. 将屋面的卷材继续铺至垂直墙面上,形成卷材泛水,泛水高度不小于250mm。

b. 在屋面与垂直女墙面的交接缝处,砂浆找平层应抹成圆弧形,圆弧半径为 20 ~ 150mm,上刷卷材胶粘剂,使卷材铺贴密实,避免卷材架空或折断,并加铺一层卷材。

c. 做好泛水上口的卷材收头固定,防止卷材在垂直墙面上下滑。一般做法是:在垂直墙中凿出通长凹槽,将卷材收头压入凹槽内,用防水压条钉压后再用密封材料嵌填封严,外抹水泥砂浆保护。凹槽上部的墙体亦应做防水处理,如图 2-4-30 所示。

② 刚性防水屋面泛水构造要点及做法:泛水应有足够高度,一般不小于250mm,泛水应嵌入立墙上的凹槽内并用压条及水泥钉固定。不同的地方是:刚性防水层与屋面突出物(女儿墙、烟囱等)间须留分隔缝,另铺贴附加卷材盖缝形成泛水。

下面以女儿墙泛水、变形缝泛水和管道出屋面构造为例说明其构造做法。

③ 刚性防水屋面女儿墙泛水构造:女儿墙与刚性防水层间留分隔缝,缝宽一般为 30mm,使混凝土防水层在收缩和温度变形时不受女儿墙的影响,可有效地防止其开裂。分隔缝内用油膏嵌缝,如图 2-4-31(a)所示,缝外用附加卷材铺贴至泛水所需高度并做好压缝收头处理,以免雨水渗进缝内。

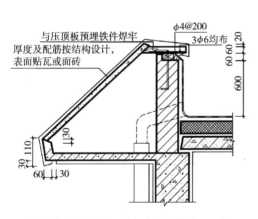

图 2-4-29　平屋顶坡檐构造(单位:mm)

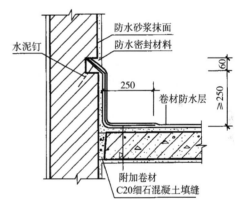

图 2-4-30　卷材防水屋面泛水构造

④ 刚性防水屋面变形缝泛水构造:变形缝分为高低屋面变形缝和横向变形缝两种情况。图 2-4-31(b)所示为高低屋面变形缝构造,其低跨屋面也需像卷材屋面那样砌上附加墙来铺贴泛水。

图 2-4-31(c)、(d)为横向变形缝的做法,不同之处是泛水顶端盖缝的形式不一样,前者用可伸缩的镀锌薄钢板作盖缝板并用水泥钉固定在附加墙上,后者采用混凝土预制板盖缝,盖缝前先干铺一层卷材,以减少泛水与盖板之间的摩擦力。

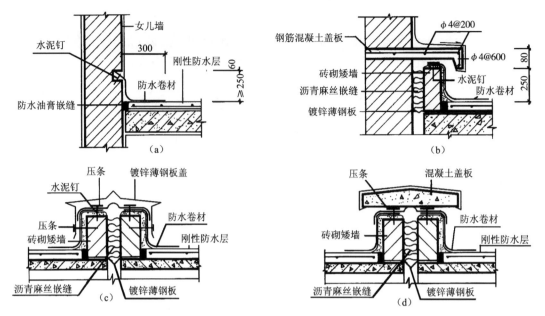

图 2-4-31　刚性屋面泛水构造(单位:mm)

⑤ 柔性防水屋面变形缝泛水构造:屋面变形缝的构造处理原则是既要保证屋顶有自由变形的可能,又能防止雨水经由变形缝渗入室内。

屋面变形缝按建筑设计可设于同层等高屋面上,也可设在高低屋面的交接处。

等高层面的变形缝在缝的两边屋面板上砌筑矮墙,挡住屋面雨水。矮墙的高度应>250mm,厚度为半砖墙厚;屋面卷材与矮墙的连接处理类同于泛水构造。矮墙顶部可用镀锌薄钢板盖缝,也可铺一层油毡后用混凝土板压顶,如图 2-4-32 所示。

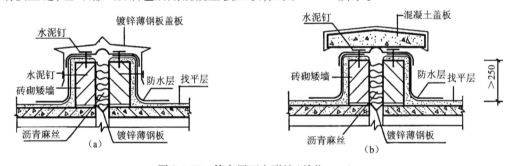

图 2-4-32　等高屋面变形缝(单位:mm)

高低屋面的变形缝则是在低侧屋面板上砌筑矮墙。当变形缝宽度较小时,可用镀锌薄钢板盖缝并固定在高侧墙上,做法同泛水构造,也可从高侧墙上悬挑钢筋混凝土板盖缝,如图 2-4-33所示。

⑥ 管道出屋面构造:伸出屋面的管道(如厨、卫等房间的透气管等)与刚性防水层间亦应留设分隔缝,缝内用油膏嵌填,然后用卷材或涂膜防水层在管道周围做泛水,如图 2-4-34所示。

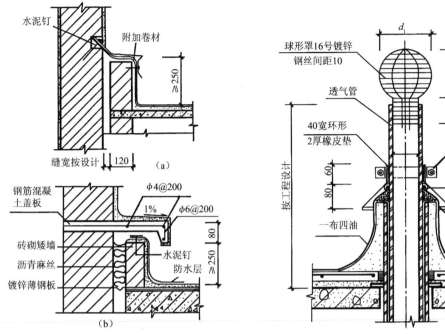

图 2-4-33 不等高屋面变形缝(单位:mm) 图 2-4-34 透气管出屋面(单位:mm)

(3)水落口构造

水落口是用来将屋面雨水排至水落管而在檐口或檐沟开设的洞口。构造上要求排水通畅,不易渗漏和堵塞。有组织外排水最常用的有檐沟及女儿墙水落口两种构造形式。有组织内排水的水落口设在天沟上,其构造与外檐沟相同。

① 柔性屋面檐沟外排水水落口构造:在檐沟板预留的孔中安装铸铁或塑料连接管,就形成水落口。水落口周围直径 500mm 范围内坡度 ≥5%,并应用防水涂膜涂封,其厚度 ≥2mm。为防止水落口四周漏水,应将防水卷材铺入连接管内 50mm,水落口与基层接触处,应留宽20mm,深 20mm 凹槽,用油膏嵌缝,水落口上用定型铸铁罩或钢丝球盖住,防止杂物落入水落口中。

水落口连接管的固定形式常见的有两种:一种是采用喇叭形连接管卡在檐沟板上,再用普通管箍固定在墙上;另一种则是用带挂钩的圆形管箍将其悬吊在檐沟板上。水落口过去一般用铸铁制作,易锈不美观,如图 2-4-35 所示。现在多改为硬质聚氯乙烯塑料(PVC)管,具有质轻、不锈、色彩多样等优点,已逐渐取代铸铁管。

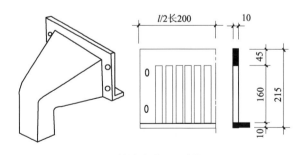

图 2-4-35 铸铁水落口(单位:mm)

② 柔性屋面女儿墙外排水水落口构造:如图 2-4-36 所示,在女儿墙上的预留孔洞中安装水落口构件,使屋面雨水穿过女儿墙排至墙外的水落斗中。为防止水落口与屋面交接处发生渗漏,也需将屋面卷材铺入水落口内50mm,水落口上还应安装铁箅,以防杂物落入造成堵塞。

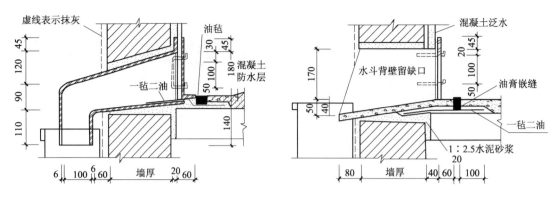

图 2-4-36　女儿墙外排水的水落口构造(单位:mm)

③ 刚性屋面水落口构造:刚性防水屋面的水落口常见的做法有两种,一种是用于天沟或檐沟的水落口,另一种是用于女儿墙外排水的水落口。前者为直管式,后者为弯管式。

a. 直管式水落口:如图 2-4-37 所示,安装时为了防止雨水从水落口套管与檐沟底板间的接缝处渗漏,应在水落口的四周加铺宽度约 200mm 的附加卷材,卷材应铺入套管内壁中,天沟内的混凝土防水层应盖在卷材的上面,防水层与水落口的接缝用油膏嵌填密实。其他做法与卷材防水屋面相似。

b. 弯管式水落口:弯管式水落口多用于女儿墙外排水,水落口可用铸铁或塑料做弯头,同图 2-4-36 所示。

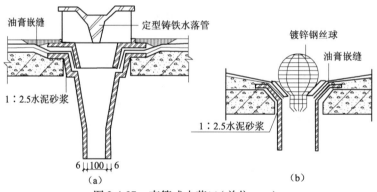

图 2-4-37　直管式水落口(单位:mm)

(a)65 型水落口;(b)铸铁水落口

(4)屋面检修孔、屋面出入口构造

不上人屋面需设屋面检修孔,检修孔四周的孔壁可用砖立砌,也可在现浇屋面板时将混凝土上翻制成,高度≥250mm。壁外的防水层应做成泛水并将卷材用镀锌薄钢板盖缝并压钉好,如图 2-4-38 所示。

出屋面的楼梯间一般需设屋面出入口,最好在设计中让楼梯间的室内地坪与屋面间

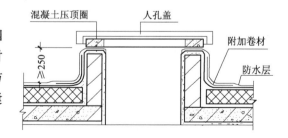

图 2-4-38　屋面检修口构造

留有足够的高差,以利防水。否则需在出入口处设门槛挡水。屋面出入口处的构造与泛水构造类同,如图 2-4-39 所示。

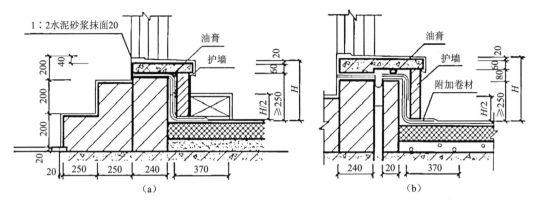

图 2-4-39 屋面出入口门下踏步泛水构造
(a)无变形缝;(b)有变形缝

(5)分隔缝构造

分隔缝(又称分格缝、分仓缝)是一种设置在刚性防水层中的变形缝,如图 2-4-40 所示。其作用有二:

① 大面积的整体现浇混凝土防水层受气温影响产生的温度变形较大,容易导致混凝土开裂。设置一定数量的分隔缝将单块混凝土防水层的面积减小,从而减少其伸缩变形,可有效地防止和限制裂缝的产生。

② 在荷载作用下屋面板会产生挠曲变形,支撑端翘起,易于引起混凝土防水层开裂,如在这些部位预留分隔缝就可避免防水层开裂。

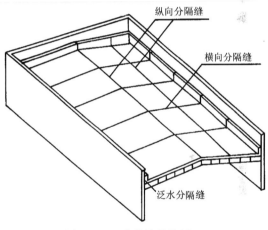

图 2-4-40 分格缝的位置

由上述分析可知,分隔缝应设置在装配式结构屋面板的支撑端、屋面转折处、刚性防水层与立墙的交接处,并应与板缝对齐。分隔缝的纵横间距不宜大于 6m。在横墙承重的民用建筑中,分隔缝的位置可如图 2-4-40 所示:屋脊是屋面转折的界线,故此处应设一纵向分隔缝;横向分隔缝每开间设一条,并与装配式屋面板的板缝对齐;沿女儿墙四周的刚性防水层与女儿墙之间也应设分隔缝。因为刚性防水层与女儿墙的变形不一致,所以刚性防水层不能紧贴在女儿墙上,它们之间应做柔性封缝处理以防女儿墙或刚性防水层开裂引起渗漏。

其他凸出屋面的结构物四周都应设置分隔缝。分隔缝构造如图 2-4-41 所示。

分格缝构造设计要点:

① 防水层内的钢筋在分隔缝处应断开。

② 屋面板缝用浸过沥青的木丝板等密封材料嵌填,缝口用油膏等嵌填。

127

③ 缝口表面用防水卷材铺贴盖缝,卷材的宽度为200～300mm。

④ 在屋脊和平行于流水方向的分隔缝处,也可将防水层做成翻边泛水,用盖瓦单边坐灰固定覆盖。

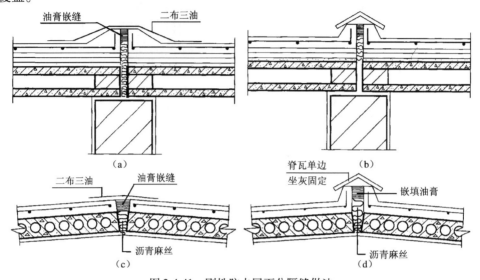

图 2-4-41　刚性防水屋面分隔缝做法
(a)横向分隔缝之一;(b)横向分隔缝之二;(c)屋脊分隔缝之一;(d)屋脊分隔缝之二

2.6.6　坡屋顶的构造

坡屋顶的屋面是由一些坡度相同的倾斜面相互交接而成,交线为水平线时称正脊;当斜面相交为凹角时,所构成的倾斜交线称斜天沟;斜面相交为凸角时的交线称斜脊,如图 2-4-42所示。

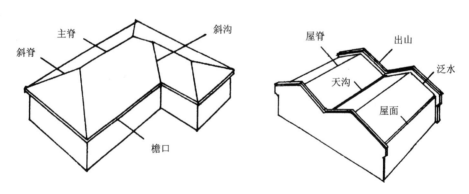

图 2-4-42　坡屋顶的屋面部位名称

用钢筋混凝土技术可塑造坡屋面的任何形式效果,可做直斜面、曲斜面或多折斜面,尤其现浇钢筋混凝土屋面对建筑的整体性、防渗漏、抗震害和防火耐久性等都有明显的优势。当今,钢筋混凝土坡屋顶已广泛用于住宅、别墅、仿古建筑和高层建筑中。

坡屋顶由屋面构件、承重支撑构件和顶棚等主要部分组成,如图 2-4-43 所示。

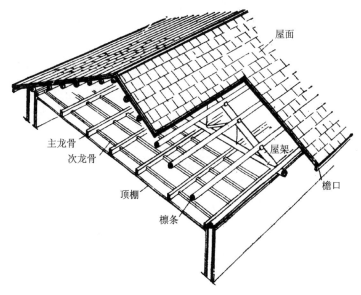

图 2-4-43　坡屋顶的构造组成

1. 屋面构件

屋面构件包括屋顶基层和屋面瓦材两部分。

屋顶基层是指包括檩条、椽子、屋面板等构件。在寒冷地区还设有保温层,炎热地区则设通风、隔热层等。

瓦材即是指屋面防水层的各种瓦,包括黏土平瓦、水泥瓦、油毡瓦、金属材料中的镀锌钢板彩瓦及彩色镀铝锌压型钢板等。金属瓦材多用于大型公共建筑中耐久性及防水要求高、自重要求轻的建筑上。目前,我国在大量性民用建筑中的坡屋顶以水泥瓦采用为多。

(1)檩条

一般搁在山墙或屋架节点上。檩条可用木、钢筋混凝土或型钢制作,如用木屋架,则用木檩条,用钢筋混凝土或钢屋架,则用钢筋混凝土檩条或钢檩条。

(2)椽子

当檩条间距大,垂直于檩条方向架立 40mm×60mm 或 50mm×50mm 椽子。间距 360~400mm。椽子上铺钉屋面板,或直接钉挂瓦条挂瓦。出檐椽子下端锯齐,以便钉封檐板。

(3)屋面板

当檩条间距≤800mm,可在檩条上钉屋面板,屋面板用厚度为 15~25mm 的杉木或松木。为防水,在屋面板上铺卷材一层。现常用钢筋混凝土屋面板。

(4)块瓦屋面

块瓦包括彩釉面和素面西式陶瓦、彩色水泥瓦及一般的水泥平瓦、黏土平瓦等能钩挂、可钉、绑固定的瓦材。

铺瓦方式包括水泥砂浆卧瓦、钢挂瓦条挂瓦、木挂瓦条挂瓦,其屋面防水构造做法如图 2-4-44所示。钢、木挂瓦条有两种固定方法,一种是挂瓦条固定在顺水条上,顺水条钉牢在细石混凝土找平层上;另一种不设顺水条,将挂瓦条和支撑垫块直接钉在细石混凝土找平层上。

129

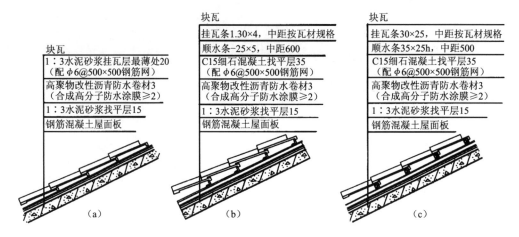

图 2-4-44　块瓦屋面构造（单位：mm）
(a)砂浆卧瓦；(b)钢挂瓦条；(c)木挂瓦条

块瓦屋面应特别注意块瓦与屋面基层的加强固定措施。一般说来地震地区和风荷载较大的地区，全部瓦材均应采取固定加强措施。非地震和大风地区，当屋面坡度大于 1：2 时，全部瓦材也应采取固定加强措施。块瓦的固定加强措施一般有三种：①水泥砂浆卧瓦，用双股 18 号铜丝将瓦与 φ6 钢筋绑牢；②钢挂瓦条钩挂，用双股 18 号铜丝将瓦与钢挂瓦条绑牢；③木挂瓦条钩挂，用 40 圆钉（或双股 18 号铜丝）将瓦与木挂瓦条钉（绑）牢。

块瓦屋面中最常用的瓦材是平瓦，平瓦用黏土烧制或水泥砂浆制成，一般尺寸在 230mm×400mm，厚 50mm（净厚 20mm）。

平瓦屋面的屋面坡度不小于 1：2，其构造有下列几种（图 2-4-45）：

① 冷摊瓦屋面：冷摊瓦屋面一般用于不保温、简易的建筑上。做法为在橡子上钉 25mm×30mm 的挂瓦条，直接挂瓦。建筑造价经济，但雨水可能从瓦缝中渗入屋内，屋顶隔热、保温均较差。

② 木屋面板平瓦屋面：即在檩条或橡子上铺钉木屋面板，板上铺防水卷材一层（平行屋脊方向），上钉顺水条（又称压毡条），再钉挂瓦条挂瓦。由瓦缝渗进的水可沿顺水条流至檐沟。瓦由檐口铺向屋脊，脊瓦应搭盖在两片瓦上不小于 50mm，常用水泥石灰砂浆填实嵌浆，以防止雨雪飘入。

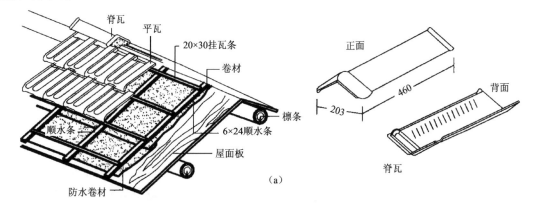

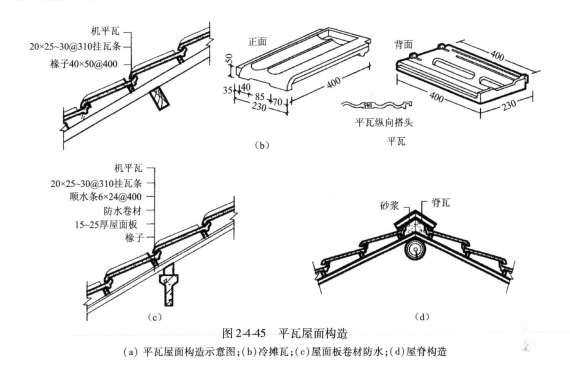

图 2-4-45 平瓦屋面构造

(a) 平瓦屋面构造示意图;(b)冷摊瓦;(c)屋面板卷材防水;(d)屋脊构造

③ 钢筋混凝土板基层平瓦屋面:在住宅、学校、宾馆、医院等民用建筑中,钢筋混凝土屋面板找平层上铺防水卷材、保温层,再做水泥砂浆卧瓦层,最薄处为20mm,内配Φ6@500mm×500mm 钢筋网,再铺瓦。也可在保温层上做 C15 细石混凝土找平层,内配Φ6@500mm×500mm 钢筋网,再做顺水条、挂瓦条挂瓦(图 2-4-46)。

同样在钢筋混凝土基层上除铺平瓦屋面外,也可改用小青瓦、琉璃瓦、多彩油毡瓦或钢板彩瓦等屋面。

④ 小青瓦屋面:我国传统民居中常用小青瓦(板瓦、蝴蝶瓦)做屋面。小青瓦断面呈弧形(图 2-4-47)。铺盖方法是分别将瓦仰覆(阴阳)铺排,仰铺成沟,覆盖成垄(图 2-4-48)。盖瓦搭设底瓦约1/3,上、下两皮瓦搭叠长度:少雨地区为搭六露四,多雨地区搭七露三。露出长度不宜大于1/2 瓦长。

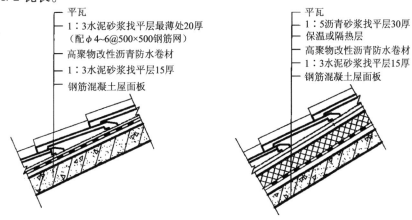

图 2-4-46 钢筋混凝土板平瓦屋面

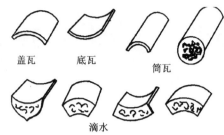

图 2-4-47　小青瓦与筒瓦外形

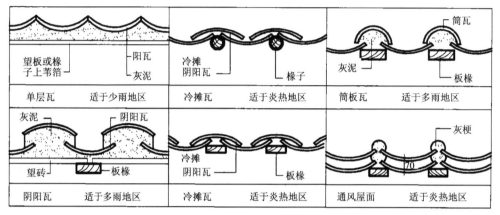

图 2-4-48　小青瓦铺法

一般在木望板或芦席上铺灰泥,灰泥上铺瓦。在檐口处底瓦尽头处铺滴水瓦(附有尖舌形的底瓦),盖瓦则铺花边瓦。屋脊可做成各种形式,构造如图 2-4-49 所示。小青瓦块小,易渗漏雨水,须经常维修,适用于旧房维修及少数地区民居。

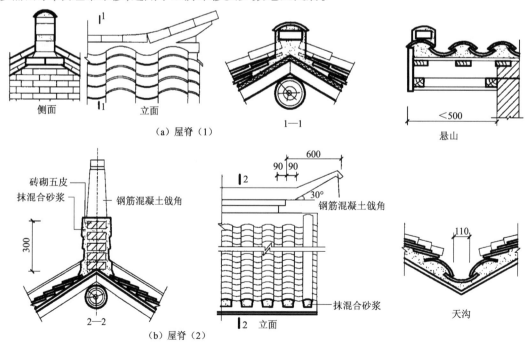

图 2-4-49　小青瓦屋面构造

此外古代宫殿、庙宇等建筑还常用各种颜色的琉璃瓦作屋面。琉璃瓦有盖瓦、底瓦之分。盖瓦是圆筒形,称筒瓦,底瓦称板瓦。铺法一般将底瓦仰铺,两底瓦之间覆以盖瓦(即筒瓦)。适用重大公共建筑如纪念堂、美术馆等的屋面或檐墙装饰,富有传统特色。

⑤ 油毡瓦屋面:油毡瓦是以玻纤毡为胎基的彩色块瓦状屋面防水片材,规格一般为1000mm×333mm×2.8mm。铺瓦方式采用钉粘结合,以钉为主的方法。其屋面防水构造做法如图2-4-50所示。

⑥ 块瓦形钢板彩瓦屋面:块瓦形钢板彩瓦系用彩色薄钢板冷压成形呈连片块瓦形状的屋面防水板材。瓦材用自攻螺钉固定于冷弯型钢挂瓦条上。其屋面防水构造做法如图2-4-51所示。

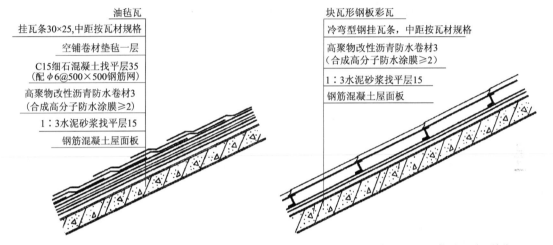

图2-4-50　油毡瓦屋面构造层次(单位:mm)　　图2-4-51　块瓦形钢板彩瓦屋面构造层次(单位:mm)

⑦ 彩色镀锌压型钢板(简称压型钢板)屋面:压型钢板由于自重轻,强度高,防水性能好,且施工、安装方便,色彩绚丽,质感、外形现代新颖,因而被广泛应用于平直坡屋顶。

压型钢板分为单层板和夹心板两种。

a. 单层板由厚度为0.5~1mm的钢板,经连续式热浸处理后,在钢板两面形成镀铝锌合金层(在同样条件下镀铝锌钢板比镀锌钢板使用年限长4倍以上)。然后在镀铝锌钢板上先涂一层防腐功能的化学皮膜,皮膜上涂覆底漆,最后涂耐候性强的有色化学聚酯,确保使用多年后仍保持原有色彩和光泽。

b. 夹心板即夹芯板,是由两层成型金属面板和直接在面板中间发泡、熟化成型的高分子隔热内芯层组成,可以杜绝水汽的凝结。其中,外层钢板的成型充分考虑了结构和强度要求,并兼顾美观,内面层成型为平板以适应各种需要。夹芯板外形美观,色泽艳丽,整体效果好,具有便于安装、轻质保温、高效的特点,是一种用途广泛不可缺少的轻质建筑材料。

压型钢板有波形板、梯形板和带肋梯形板多种。波高>70mm的称高波板;而≤70mm的称低波板。压型钢板宽度为750~900mm,长度受吊装、运输条件的限制一般宜在12m以内。

压型钢板的连接方式,用各种螺钉、螺栓或拉铆钉等紧固件和连接件固定在檩条上。檩条一般有槽钢、工字钢或轻钢檩条。檩条的间距一般为1.5~3m。

压型钢板的纵向连接应位于檩条或墙梁处,两块板均应伸至支撑件上。搭接长度:高波屋面板为350mm;屋面坡度≤(1:10)的低波屋面板为250mm,屋面坡度>(1:10)时低波屋面板的搭接长度为200mm。两板的搭接缝间需设通长密封条。

2. 坡屋顶的支撑结构

坡屋顶的承重结构一般可分为桁架结构、梁架结构和空间结构几种系统。瓦屋面所用的桁架多为三角形屋架。当房屋的内横墙较少时,常将檩条搁在屋架之间构成屋面承重结构,如图2-4-52(a)所示;当房屋采用小开间横墙承重的结构布置方案时,可将横墙砌至屋顶代替屋架,这种方式称为山墙承檩,如图2-4-52(b)所示。民间传统建筑多采用由木柱、木梁、木枋构成的梁架结构,如图2-4-52(c)所示,这种结构又被称为穿斗结构或立贴式结构。空间结构则主要用于大跨度建筑,如网架结构和悬索结构等。

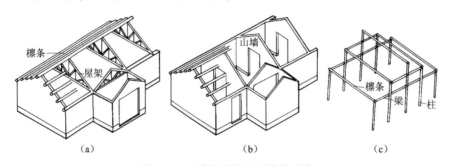

(a)   (b)   (c)

图2-4-52   坡屋顶的承重结构系统
(a)屋架支撑檩条;(b)山墙支撑檩条;(c)木结构梁架支撑檩条

瓦屋面按屋面基层的组成方式也可分为有檩和无檩体系两种。无檩体系是将屋面板直接搁在山墙、屋架或屋面梁上,瓦主要起造型和装饰的作用。这种构造方式近年来常见于民用住宅或风景园林建筑的屋顶,如图2-4-53所示。

(1)山墙承重

山墙作为屋顶承重结构,多用于房间开间较小的建筑。这种建筑是在山墙上搁檩条、檩条上架椽子再铺屋面板;或在山墙上直接搁钢筋混凝土板,然后铺瓦。

在山墙承檩的结构形式中,山墙的间距即为檩条的跨度,因而房屋横墙的间距宜尽量一致,使檩条的跨度保持在一个比较经济的尺度以内。擦条常用木材、型钢或钢筋混凝土制作。

木檩条的跨度一般在4m以内,断面为矩形或圆形,大小须经结构计算确定。木檩

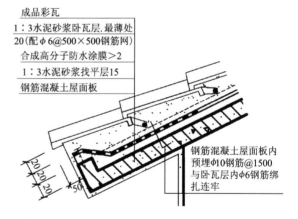

图2-4-53   钢筋混凝土基层瓦屋面(单位:mm)

条的间距为500～700mm,如檩条间采用椽子时,其间距也可放大至1m左右。木檩条在山墙上的支撑端应涂以沥青等材料防腐,并垫以混凝土或防腐木垫块。

钢筋混凝土檩条的跨度一般为4m,有的也可达6m。其断面有矩形、T形和L形等,尺寸由结构计算确定。山墙承檩时,应在山墙上预置混凝土垫块。为便于在檩条上固定瓦屋面的木基层,可在钢筋混凝土檩条上预留直径4mm的钢筋固定木条,木条断面为梯形,尺寸为40～50mm对开,如图2-4-54所示。

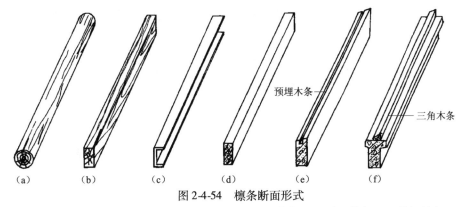

图 2-4-54 檩条断面形式

(a)圆木檩条;(b)方木檩条;(c)槽钢檩条;(d)混凝土檩条;(e)混凝土檩条;(f)混凝土檩条

采用木檩条时,山墙端部檩条可出挑,成悬山屋顶,或将山墙砌出屋面做成硬山屋顶。钢筋混凝土檩条一般不宜出挑,如需出挑,出挑长度一般不宜过大。

山墙承重结构一般用于小型、较简易的建筑。其优点是节约木材和钢材,构造简单,施工方便,隔声性能较好。山墙以往用 240 标准黏土砖砌筑。为节约农田和能源,今可采用水泥煤渣砖或多孔砖等。

(2)梁架承重

梁架承重系我国传统的木结构形式。它由柱和梁组成梁架,檩条搁置在梁间,承受屋面荷载,并将各梁架联系为一完整的骨架(图 2-4-55)。内外墙体均填充在梁架之间,起分隔和围护作用,不承受荷载。梁架交接处为榫齿结合,整体性与抗震性均较好,但耗用木料较多,防火、耐久性均较差。今在一些仿古建筑中常以钢筋混凝土梁柱仿效传统的木梁架。

(3)屋架承重

屋架是由一组杆件在同一平面内互相结合成整体的构件。其每个杆件承受拉力或压力,各轴心交会于一点,称为节点。节点之间称为节间。

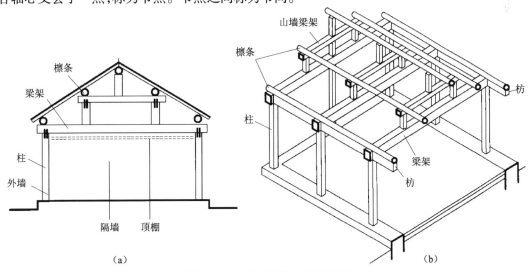

图 2-4-55 梁架传统木结构屋顶

(a)梁架剖面;(b)示意图

屋架由上弦、下弦及腹杆组成。上弦又称人字木,是受压杆件;下弦是受拉构件。腹杆分为斜杆和直杆,分别受压或受拉,如图2-4-56所示。

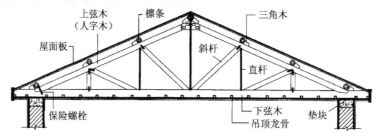

图2-4-56　屋架的组成

中小跨度的屋架用木、钢木、钢或钢筋混凝土制作。形式有三角形、梯形、多边形、弧形等,如图2-4-57所示。三角形屋架构造较简单,跨度不大于12m的建筑可采用全木屋架。跨度不超过18m时可采用钢木混合屋架,受压杆件用木材,而受拉杆件用钢材。跨度更大时则宜采用钢筋混凝土屋架或钢屋架等。

屋架与檩条的布置方式视屋顶的形式而定。双坡屋顶的布置较简单,一般按开间尺寸为间距布置屋架即可;四坡顶、歇山顶、丁字形交接的屋顶和转角屋顶的布置则较复杂,其布置示例如图2-4-58所示。其中图2-4-58(a)为四坡顶的屋架布置,其屋顶尽端的三个斜面呈45°相交,该处的屋架不用全屋架,而采用斜大梁或角屋架和半屋架作为承重结构。斜大梁和半屋架的一端支撑在外墙上,另一端支撑在尽端全屋架上,因而该屋架承受的荷载大于别处的屋架。图2-4-58(b)是歇山顶的屋架布置,它和四坡顶的布置大同小异,区别之处在于是将尽端全屋架朝端墙挪动了一段距离,从而露出了歇山顶的小山花。图2-4-58(c)是转角屋顶的屋架布置,在转角处沿45°方向布置对角屋架,然后将半屋架搭在对角屋架上。图2-4-58中(d)和(e)均为T字形交接处屋顶的结构布置,其中图(d)为垂直相交的两屋顶檩条相互搭接,搭接点的连线呈45°的斜沟,图2-4-58(e)的布置方式是将两屋顶的檩条同时支撑在斜梁上。

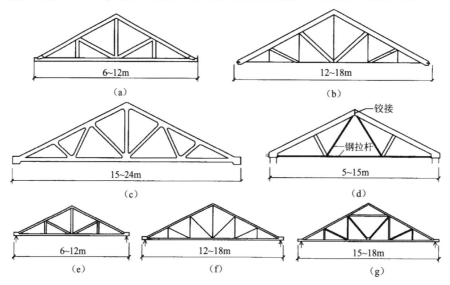

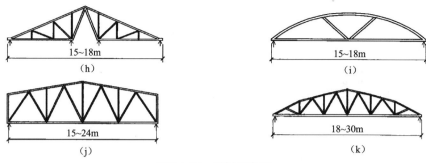

图 2-4-57　屋架的类型

(a)木屋架;(b)钢木屋架;(c)钢筋混凝土屋架;(d)钢与钢筋混凝组合三铰屋架;(e)中杆式屋架;
(f)霍式屋架;(g)三支点屋架;(h)四支点屋架;(i)弧形屋架;(j)梯形屋架;(k)多边形屋架

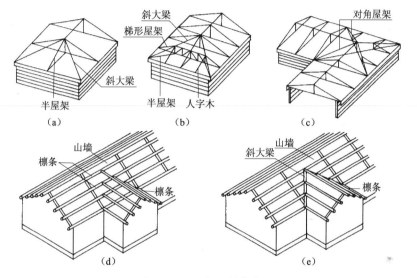

图 2-4-58　屋架和檩条布置

3. 顶棚

在屋架或檩条下面的吊顶主要起保温隔热及装修作用。

顶棚的主要支撑构件是吊杆、吊挂主龙骨,下钉次龙骨,再做面层,如图 2-4-59 所示。面层可用灰板条或钢板网抹灰或钉胶合板、纤维板等。吊顶主龙骨大小:不上人顶棚一般为 50mm×70mm 或 50mm×100mm,中距 1200mm 左右。主龙骨由吊杆钉牢在檩条上,吊杆截面常用 40mm×40mm 或直径为 70mm 的圆木对开,亦可用 Φ6 钢筋。次龙骨常用 40mm×40mm 小木料,与主龙骨方向垂直,钉在主龙骨底面或箍挂钩挂在主龙骨上。间距一般在 400～600mm。当为 400mm 时,下做灰板条抹灰;当为 600mm 时,则用轻钢龙骨和难燃吊顶板,如钉矿棉板、石膏板、压密水泥板等。

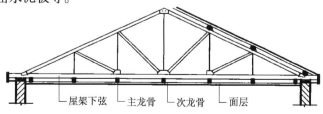

图 2-4-59　坡屋顶顶棚构造(单位:mm)

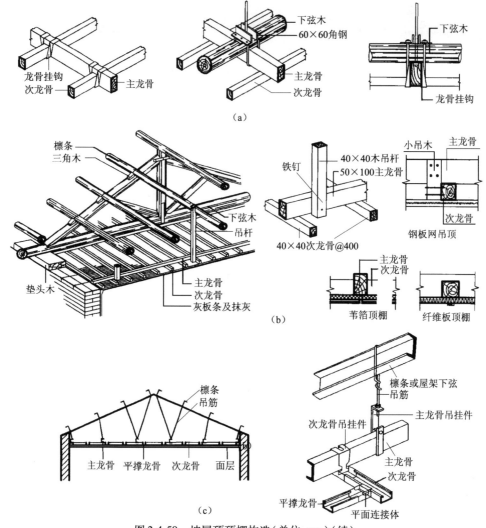

图 2-4-59　坡屋顶顶棚构造(单位:mm)(续)

(a)屋架下弦吊顶棚;(b)檩条下吊顶棚;(c)檩条与轻钢龙骨的连接

在顶棚与屋面之间的空间,可作储藏室或屋顶通风层等用。在采暖地区,可将保温材料放在次龙骨上。在炎热地区屋顶设有通风洞,组织好顶棚内的自然通风。在顶棚上应设≥600×600mm 的上人孔,供检修等用。

2.6.7　坡屋顶的细部构造

建筑物屋顶与外墙的顶部交接处称为檐口。坡屋顶的檐口一般分挑檐和包檐两种。挑檐是将檐口挑出在墙外,做成露檐头或封檐头形式。而包檐是将檐口与檐墙齐平或用女儿墙将檐口封住。

1. 挑檐构造

挑檐构造如图 2-4-60 所示。

(1)砖砌挑檐

出檐小时在檐墙顶部将砖每两皮挑出 1/4 砖长叠砌,挑出总长度不超过墙厚的一半。第一排瓦头应伸在檐墙之外,如图 2-4-60(a)所示。

（2）木挑檐口

利用屋架下弦的托木来支撑挑檐檩,以增加出挑檐口的长度。但挑檐的长度不能超过屋顶檩条之间的距离,如图2-4-60(b)所示。挑檐木也可置于承重横墙中,如图2-4-60(c)所示。挑檐木一头出挑檐墙外,使其端头与屋面板及封檐板结合。挑檐木的另一头压入屋架或檐墙内。在挑檐木的下面可钉40mm×45mm的顶棚龙骨,下抹出檐顶棚。用椽子挑檐的也可在椽下做出檐斜面顶棚,如图2-4-60(d)所示。

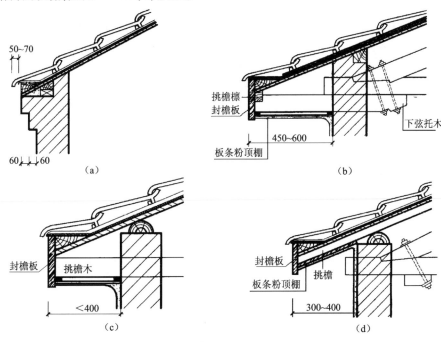

图2-4-60 坡屋顶细部挑檐构造(单位:mm)

(a)砖挑檐;(b)下弦托木挑檐;(c)木挑檐;(d)短椽挑檐

（3）钢筋混凝土板挑檐口

当采用现浇钢筋混凝土坡屋顶时,可将现浇板悬挑做檐口,一般出挑 600～700mm (图2-4-61),亦可利用现浇钢筋混凝土檐沟做挑檐。这种檐沟一般与圈梁结合成一个构件。檐沟的宽度一般约为 300～400mm(图2-4-62)。

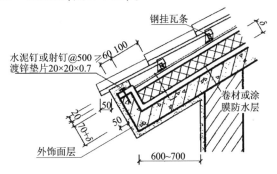

图2-4-61 钢筋混凝土屋面板挑檐(单位:mm)

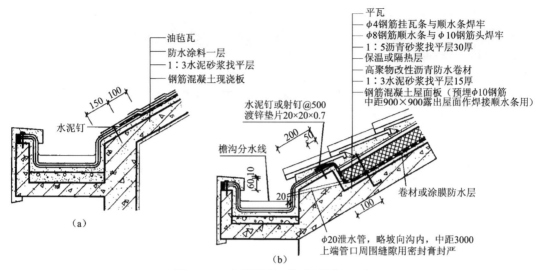

图 2-4-62　钢筋混凝土檐沟（单位：mm）

（a）多彩油毡瓦屋面钢筋混凝土檐沟；（b）平瓦屋面钢筋混凝土檐沟

（4）包檐

有的坡屋面将檐墙砌出屋面并遮挡檐口，形成女儿墙。这时常在女儿墙与屋面相交处设排水沟（图 2-4-63）。

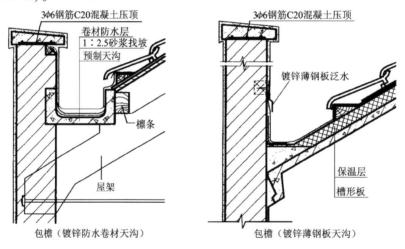

图 2-4-63　包檐天沟（单位：mm）

2. 山墙构造

两坡屋顶尽端墙体称为山墙，常做成悬山或硬山。

（1）悬山

两坡屋顶尽端，屋面出挑在山墙外面，一般用檩条出挑。檩条端头用博风板封住，根据需要下面钉 40mm×40mm 的木条，再钉灰板条钢丝网后抹灰。瓦与博风板相交处，用水泥麻刀石灰砂浆或水泥砂浆粉出瓦出线。现浇钢筋混凝土屋面板悬出山墙，端部翻起高度同保温层等厚度，如图 2-4-64 所示。

（2）硬山

山墙与屋面砌平，或高出屋面，这种坡屋顶山墙称硬山顶。山墙砌至屋面高度，将瓦片盖过山墙，用1∶2.5水泥纸筋石灰砂浆窝瓦，用1∶3水泥砂浆抹瓦出线。当山墙高出屋面时，山墙与屋面相交处抹1∶3水泥砂浆或钉镀锌薄钢板泛水，如图2-4-65所示。

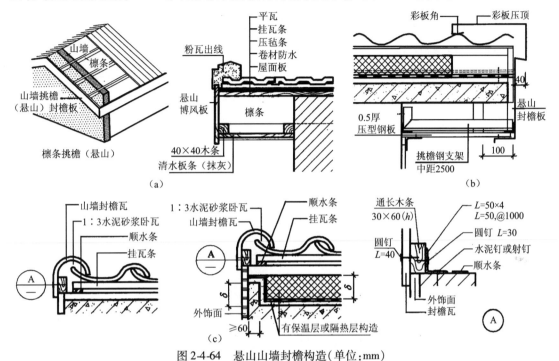

图 2-4-64　悬山山墙封檐构造（单位：mm）

（a）悬山挑檐；（b）彩钢板屋面山墙封檐；（c）块瓦屋面山墙封檐（钢挂瓦条）

2.6.8　屋顶的有效利用与节能

建筑节能是建筑技术进步的标志，是实施中国建筑可持续发展战略的一个关键环节。

建筑节能的含义及范围：减少能量的散失，提高能源利用率。现集中于采暖、空调、热水供应、照明、炊事、家用电器等，并与改善建筑舒适性相结合。

对屋顶的有效利用是建筑节能的重要举措，主要反映在屋顶太阳能的利用上。除了我们日常生活中的太阳能热水的使用之外，利用坡屋顶制作的光伏电池板是实现建筑供电的有效途径，如图2-4-65和图2-4-66所示。

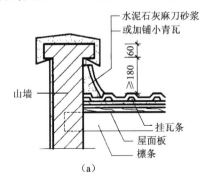

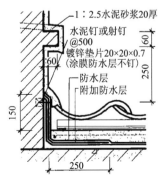

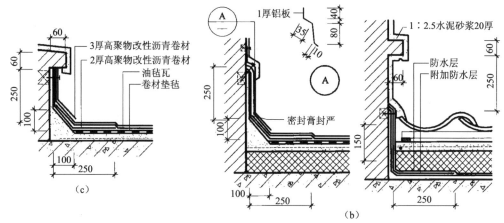

图 2-4-65　硬山山墙封檐构造(单位:mm)
(a) 平瓦山墙封檐;(b)块瓦屋面山墙封檐;(c)多彩油毡瓦屋面山墙封檐

图 2-4-66　德国汉堡伯拉姆费尔德生态村坡屋顶的利用

🏷️ **任务实施**

由教师指定各组考察对象(如附近教学楼、图书馆、宿舍、体育馆、医院、办公楼、影剧院、技术馆、住宅等),学生以 4～6 人为一组对建筑楼地层考察参观、拍照并做成 PPT 汇报交流,组长负责组织。

👍 **任务评价**

评价等级	评 价 内 容
优秀(90～100)	不需要他人指导,组员之间团结协作,能够正确按照任务描述按时完成任务;PPT 制作条理清晰、图文并茂、画面重点突出;汇报过程语言表达准确、流畅;并能指导他人完成任务
良好(80～89)	需要他人指导,组员之间团结协作,能够正确按照任务描述按时完成任务;PPT 制作条理清晰、图文并茂、画面重点突出;汇报过程语言表达准确、流畅
中等(70～79)	在他人指导下,组员之间团结协作,能够按照任务描述按时完成任务;PPT 制作图文并茂,画面重点突出,汇报过程语言表达流畅
及格(60～69)	在他人指导下,能够按照任务描述按时完成任务;PPT 制作图文并茂,汇报过程语言表达流畅

思考与练习

1. 屋顶的形式有哪些？影响屋顶形式的因素是什么？
2. 什么是无组织排水和有组织排水？简述它们的优缺点和适用范围。
3. 从可持续发展角度考虑如何实现屋顶的有效利用？

任务5　分组考察周边不同建筑的门窗

任务目标

了解建筑构造组成——门窗的位置和作用。

任务要求

① 考察不同建筑空间门窗的数量、位置和开启方式。
② 考察建筑门窗细部如门窗框、门窗扇和五金等。

知识与技能

2.7　门窗

2.7.1　门

1. 门的功能

门的主要功能是实现人们从一个空间到另一空间的交通联系。同时,还有疏散、采光、通风、防火和美化建筑内外空间效果的作用,如图 2-5-1 所示。对于特殊要求的门,还应满足隔声、保温、防水、防腐、防风沙、防盗和防辐射等。

图 2-5-1　门的功能

2. 门的分类
① 按在建筑物中的位置分:外门、内门等。
② 按边框所用材料:木门、钢门、铝合金门、塑钢门等。
③ 按门扇所用材料:玻璃门、木门、钢门、铝合金门、纱扇门、皮革门等。
④ 按功能要求:普通门、隔声门、百叶门、防火门、防盗门、保温门、射线防护门等。

143

⑤ 按开启方式：平开门、弹簧门、推拉门、折叠门、转门、卷帘门、自动感应门等（图2-5-2）。

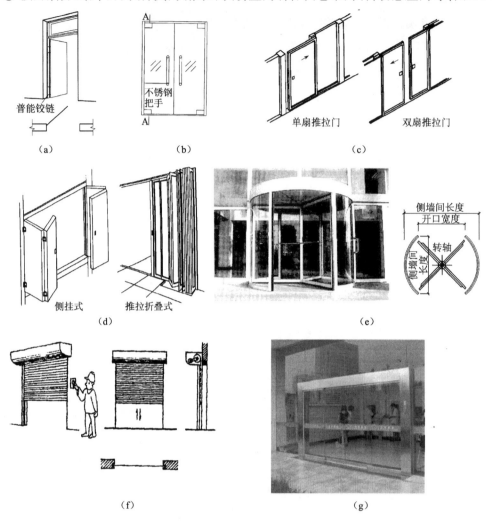

图 2-5-2　门的开启形式举例
(a)平开门;(b)弹簧门;(c)推拉门;(d)折叠门;(e)转门;(f)卷帘门;(g)自动感应门

其中,从设计角度多按开启方式划分。在设计过程中,主要根据房间内部的使用特点和下列门开启方式的特点合理选择。尤其当门比较集中时,要注意门的开启方式和位置选择,避免碰撞。

平开门的门扇有单扇、双扇,有向内开和向外开之分。平开门构造简单,开启灵活,加工制作简便,易于维修,是建筑中最常见、使用最广泛的门。

弹簧门是借助弹簧的力量使门扇能向内、向外开启并能随时保持关闭。广泛用于商店、学校、医院、办公和商业大厦。为避免人流相撞,门扇或门扇上部应镶嵌安全玻璃。

推拉门开启时门扇沿轨道向左右滑行。通常为单扇和双扇,也可做成双轨多扇或多轨多扇,开启时门扇可隐藏于墙内或悬于墙外。根据轨道的位置,推拉门可为上挂式和下滑式。当门扇高度小于4m 时,一般作为上挂式推拉门,即在门扇的上部装置滑轮,滑轮吊在门过梁之预埋上导轨上,当门扇高度大于4m 时,一般采用下滑式推拉门,即在门扇下部装滑轮,将滑轮置于预埋在地面的下导轨上。为使门保持垂直状态下稳定运行,导轨必须平直,并有一定刚度,下滑式推拉门的上部应设导向装置,较重型的上挂式推拉门则在门的下部设导向装置。推拉门开启时不占空间,受力合理,不易变形,但在关闭时难于严密,构造亦较复杂,多在工业建筑中,用做仓库和车间大门。在民用建筑中,一般采用轻便推拉门分隔内部空间。

折叠门可分为侧挂式折叠门和推拉式折叠门两种。由多扇门构成,每扇门宽度500～1000mm,一般以600mm为宜,适用于宽度较大的洞口。侧挂式折叠门与普通平开门相似,只是门扇之间用铰链相连而成。当用铰链时,一般只能挂两扇门,不适用于宽大洞口。如侧挂门扇超过两扇时,则需使用特制铰链。折叠门开启时占空间少,但构造较复杂,一般用在公共建筑或住宅中做灵活分隔空间用。

转门是由两个固定的弧形门套和垂直旋转的门扇构成。门扇可分为三扇或四扇,绕竖轴旋转。转门对隔绝室外气流有一定作用,可作为寒冷地区公共建筑的外门,但不能作为疏散门。当设置在疏散口时,需在转门两旁另设疏散用门。

3. 门的尺度

门的尺度通常是指门洞的高宽尺寸。门作为交通疏散,其尺度取决于人的通行要求,家具器械的搬运及与建筑物的比例关系等,并要符合现行《建筑模数协调统一标准》GBJ 2—1986 的规定,一般是 300mm 的倍数,如图 2-5-3 所示。

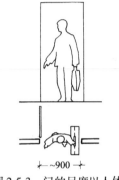

图 2-5-3　门的尺度以人体
工程学为基础

① 门的高度:一般不宜小于2100mm。如门设有亮子时,亮子高度一般为300～600mm,则门洞高度为门扇高加亮子高,再加门框及门框与墙间的缝隙尺寸,即门洞高度一般为2400～3000mm。公共建筑大门高度可视需要适当提高。

② 门的宽度:单扇门为700～1000mm;双扇门为1200～1800mm。宽度在2100mm以上时,由于门扇过宽易产生翘曲变形,同时也不利于开启,则多做成三扇、四扇门或双扇带固定扇的门。辅助房间(如浴厕、储藏室等),门的宽度可窄些,一般为700～800mm。

为了使用方便,一般民用建筑门(木门、铝合金门、塑料门),均编制成标准图,在图上注明类型及有关尺寸,设计时可按需要直接选用,如图2-5-4所示。

4. 常见木门构造

(1)平开门的组成

门一般由门框、门扇(可有亮子)、五金零件及其附件组成(图2-5-5)。

门扇按其构造方式不同,有镶板门、夹板门、拼板门、玻璃门和纱门等类型。亮子又称腰头窗,在门上方,为辅助采光和通风之用,有平开、固定及上中下悬几种。

五金零件一般有铰链、插销、门锁、拉手、门碰头等。

附件有贴脸板、筒子板等。

(2)门框

门框是门扇、亮子与墙的联系构件。门框又称门樘,一般由两根竖直的边框和上框组成。当门带有亮子时,还有中横框。多扇门则还有中竖框。

① 门框的断面形式与门的类型、层数有关,同时应利于门的安装,并具有一定的密闭性(图2-5-6)。门框的断面尺寸主要考虑接榫牢固与门的类型,还有考虑制作时刨光损耗,毛断

面尺寸应比净断面尺寸大些。为便于门扇密闭,门框上要有裁口(或铲口)。根据门扇数与开启方式的不同,裁口的形式可分为单裁口与双裁口两种。单裁口用于单层门,双裁口用于双层门或弹簧门。裁口宽度要比门扇宽度大 1~2mm,以利于安装和门扇开启。裁口深度一般为8~10mm。

洞口	700	800	900	1000	1200
2100	0721·□M7□	0821·□M7□	0921·□M7□	1021·□M7□	1221·□M7□
2400	0724·□M7□	0824·□M7□	0924·□M7□	1024·□M7□	1224·□M7□

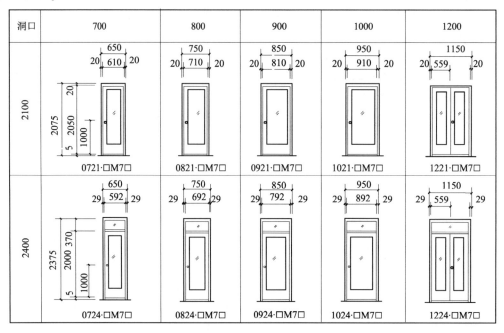

图 2-5-4　平开木门选用图集举例

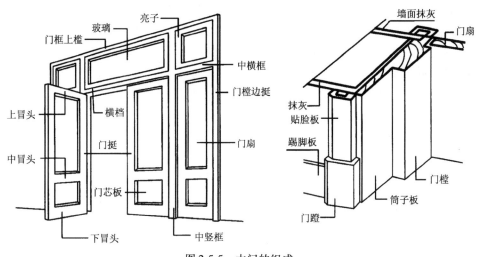

图 2-5-5　木门的组成

由于门框靠墙一面易受潮变形,故常在该面开 1~2 道背槽,以免产生翘曲变形,同时也利于门框的嵌固。背槽的形状可为矩形或三角形,深度约 8~10mm,宽约 12~20mm。

②门框的安装根据施工方式分后塞口和立口两种(图2-5-7)。

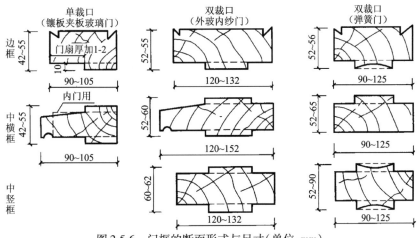

图 2-5-6 门框的断面形式与尺寸(单位:mm)

塞口(又称塞樘子),是在墙砌好后再安装门框。采用此法时,洞口的宽度应比门框大 20~30mm,高度比门框大 10~20mm。门洞两侧墙上每隔 600~1000mm 预埋木砖或预留缺口,以便用圆钉或水泥砂浆将门框固定。框与墙间的缝隙需用沥青麻丝嵌填(图 2-5-8)。

立口(又称立樘子)在砌墙前即用支撑先立门框然后砌墙。框与墙的结合紧密,但是立樘与砌墙工序交叉,施工不便。

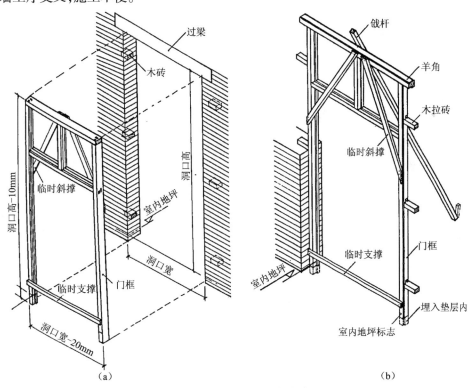

图 2-5-7 门框的安装方式

(a)塞口法;(b)立口法

门框在墙中的位置,可在墙的中间或与墙的一边平。一般多与开启方向一侧平齐,尽可能使门扇开启时贴近墙面。门框四周的抹灰极易开裂脱落,因此在门框与墙结合处应做贴脸板和木压条盖缝,装修标准高的建筑,还可在门洞两侧和上方设筒子板,如图 2-5-9 所示。

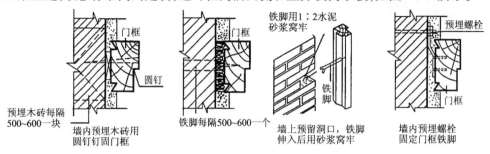

图 2-5-8　塞口门框在墙上安装(单位:mm)

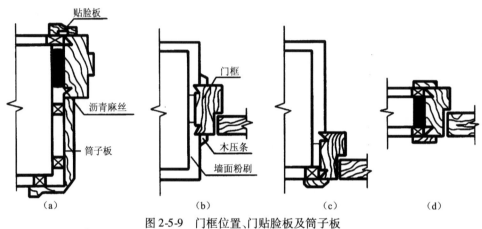

图 2-5-9　门框位置、门贴脸板及筒子板
(a)外平;(b)立中(c)内平;(d)内外平

(3)门扇

常用的木门门扇有镶板门(包括玻璃门、纱门)和夹板门。

① 镶板门:镶板门门扇由边梃、上冒头、中冒头(可做数根)和下冒头组成骨架,内装门芯板而构成(图 2-5-10)。构造简单,加工制作方便,适于一般民用建筑做内门和外门。

门扇的边梃与上、中冒头的断面尺寸一般相同,厚度为 40～45mm,宽度为 100～120mm。为了减少门扇的变形,下冒头的宽度一般加大至 160～250mm,并与边梃采用双榫结合。

门芯板一般采用 10～12mm 厚的木板拼成,也可采用胶合板、硬质纤维板、塑料板、玻璃和塑料纱等。当采用玻璃时,即为玻璃门,可以是半玻门或全玻门。若门芯板换成塑料纱(或铁纱),即为纱门。由于纱门轻,门扇骨架用料可小些,边框与上冒头可采用 30～70mm,下冒头用 30～150mm。

② 夹板门:是用断面较小的方木做成骨架,两面粘贴面板而成(图 2-5-11)。门扇面板

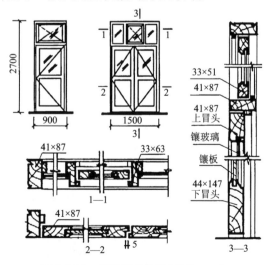

图 2-5-10　镶板门的构造(单位:mm)

可用胶合板、塑料面板和硬质纤维板。面板和骨架形成一个整体,共同抵抗变形。夹板门的形式可以是全夹板门、带玻璃或带百叶夹板门。

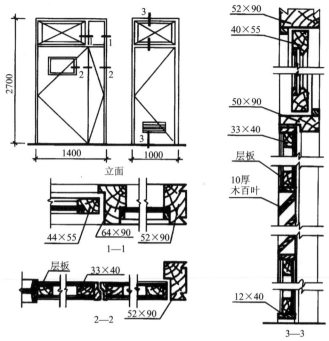

图 2-5-11　夹板门的构造(单位:mm)

平板门的骨架一般用厚约 30mm、宽 30~60mm 的木料做边框,中间的肋条用厚约 30mm,宽 10~25mm 的木条,可以是单向排列、双向排列或密肋形式,间距一般为 200~400mm,安门锁处需另加上锁木。为使门扇内通风干燥,避免因内外温湿度差产生变形,在骨架上需设通气孔。为节约木材,也有用蜂窝形或浸塑纸来代替肋条的。

由于夹板门构造简单,可利用小料、短料,自重轻,外形简洁,在一般民用建筑中广泛用做建筑的内门。

2.7.2　窗

1. 窗的功能

窗的主要功能是采光和通风。除此之外,还有传递、观察、展示、眺望和美化建筑内外空间效果的作用,如图 2-5-12 所示。

图 2-5-12　窗的功能

2. 窗的形式

窗的形式一般按开启方式定,而窗的开启方式主要取决于窗扇铰链安装的位置和转动方式。通常窗的开启方式有以下几种:

(1)平开窗

铰链安装在窗扇一侧与窗框相连,向外或向内水平开启。平开窗有单扇、双扇、多扇及向内开与向外开之分。平开窗构造简单,开启灵活,制作维修均方便,是民用建筑中使用最广泛的窗(图 2-5-13)。

(2)固定窗

无窗扇、不能开启的窗为固定窗。固定窗的玻璃直接嵌固在窗框上,可供采光和眺望之用,不能通风。固定窗构造简单,密闭性好,多与门亮子和开启窗配合使用。

(3)悬窗

根据铰链和转轴位置的不同,可分为上悬窗、中悬窗和下悬窗(图 2-5-14)。

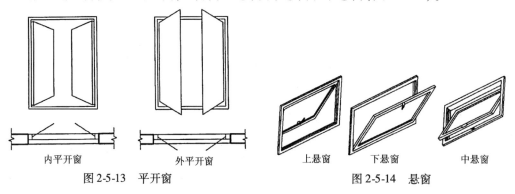

图 2-5-13　平开窗　　　　　　　　　　　　　图 2-5-14　悬窗

上悬窗铰链安装在窗扇的上边,一般向外开防雨好,多采用做外门和门上的亮子。下悬窗铰链安在窗扇的下边,一般向外开,通风较好,不防雨,不宜用做外窗,一般用于内门上的亮子。

中悬窗是在窗扇两边中部装水平转轴,开启时窗扇绕水平轴旋转,开启时窗扇上部向内,下部向外,对挡雨、通风均有利,并且开启易于机械化,故常用做大空间建筑的高侧窗,也可用于外窗或用于靠外廊的窗。

(4)推拉窗

目前常用的一种窗户,如图 2-5-15 所示。

节省内外空间,但通风面积减少一半。

3. 窗的尺度

窗的尺度主要取决于房间的采光、通风、构造做法和建筑造型等要求,并要符合现行《建筑模数协调统一标准》的规

上下推拉　　　　　左右推拉

图 2-5-15　推拉窗

定。对一般民用建筑用窗,各地均有通用图,各类窗的高度与宽度尺寸通常采用扩大模数 3M 数列作为洞口的标志尺寸,需要时只要按所需类型及尺度大小直接选用,如图 2-5-16 所示。

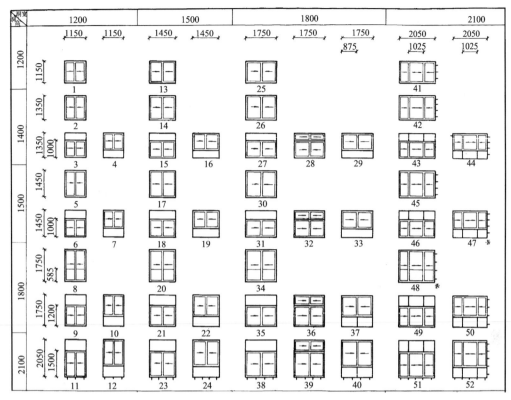

图 2-5-16　窗的图集选用举例

（1）窗扇尺寸

平开窗扇高 800～1200mm，扇宽≤500mm；中悬窗扇高≤1200mm，扇宽≤1000mm；推拉窗扇高与扇宽≤1500mm。

（2）洞口尺寸

一般窗洞宽 600～2400mm，窗洞高 900～2100mm。

洞口高度较大时，可分上下窗，上窗为 400～600mm 的固定窗或中悬窗，下窗为平开窗。

洞口尺寸较宽时，如带形窗，可用一系列相同的窗进行组合。各地均有门窗标准图集供选用。

确定窗洞口大小的因素很多，其主要因素为使房间有足够的采光。因而应进行房间的采光计算，其采光系数应符合表 2-5-1 的规定。

表 2-5-1　几类建筑的采光系数标准值

建筑类别	采光等级	房间名称	侧面采光		顶部采光	
			采光系数最低值 C_{min}（%）	室内天然光临界照度（1x）	采光系数平均值 C_{av}（%）	室内天然光临界照度（1x）
居住建筑	IV	起居室、卧室、书房、厨房	1	50		
	V	卫生间、过厅、楼梯间、餐厅	0.5	25		

151

建筑类别	采光等级	房间名称	侧面采光		顶部采光	
			采光系数最低值 C_{min}（%）	室内天然光临界照度（1x）	采光系数平均值 C_{av}（%）	室内天然光临界照度（1x）
办公建筑	II	设计室、绘图室	3	150		
	III	办公室、视屏工作室、会议室	2	100		
	IV	复印室、档案室	1	50		
	V	走道、楼梯间、卫生间	0.5	25		
学校建筑	III	教室、阶梯教室、实验室、报告厅	2	100		
	V	走道、楼梯间、卫生间	0.5	25		
图书馆、医院建筑	III	图书馆：阅览室、开架书库。医院：诊室、药房、治疗室、化验室	2	100		
	IV	图书馆：目录室。医院：候诊室、挂号室、综合大厅、病房、医生办、护士室	1	50	医院1.5	75
	V	书库、走道、楼梯间、卫生间	0.5	25		

4. 常见的窗构造

（1）组成

常见的窗构造由窗框、窗扇、五金零件、附件等，如图 2-5-17 所示。

① 窗扇：玻璃扇、纱窗扇等。

② 五金：铰链、风钩、插销、执手、滑轮等。

③ 附件：窗帘盒、窗台板、贴脸、筒子板、压缝条等。

（2）铝合金窗（门）

铝合金窗（门）框体材料是铝合金。具有质量轻、密封性好、耐腐蚀、色泽美观、安装快的优点。铝合金窗（门）的设计要求如下：

① 满足抗风压强度、雨水渗漏、空气渗漏等性能综合指标。

② 控制洞口最大尺寸和开启扇最大尺寸。

③ 考虑外墙门窗高度限值。

铝合金窗（门）系列名称是以铝合金门窗框的厚度构造尺寸来区别各种铝合金门窗的称谓，如平开门门框厚度构造尺寸为 50mm，即称为 50 系列铝合金平开门，推拉窗窗框厚度构造尺寸 90mm，即为 90 系列铝合金推拉窗等。

推拉窗常用的有 90 系列、70 系列、60 系列、55 系列等。其中 70 系列是目前广泛采用的品种，其特点是框四周外露部分均等，造型较好，边框内设内套，断面呈"己"型。70 带纱系列，其主要构造与 90 系列相仿，不过将框型材断面由 90mm 改为 70mm，并加上纱扇滑轨（图 2-5-18）。

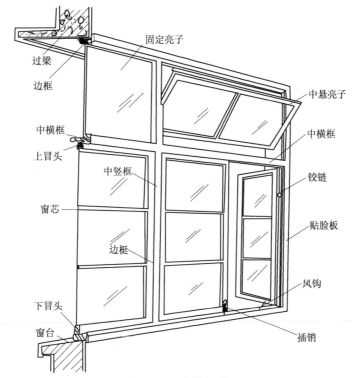

图 2-5-17 窗的组成

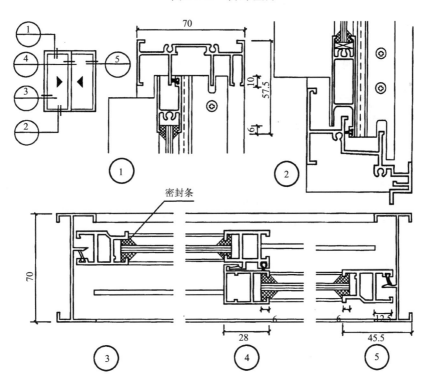

图 2-5-18 70 系列推拉窗(单位:mm)

铝合金门窗设计通常采用定型产品,选用时应根据不同地区,不同气候,不同环境,不同建筑物的不同使用要求,选用不同的门窗框系列(表2-5-2和表2-5-3)。

表2-5-2 我国各地铝合金门型材系列对照参考表(单位:mm)

系列\门型 地区	铝合金门			
	平开门	推拉门	有框地弹簧门	无框地弹簧门
北京	50、55、70	70、90	70、100	70、100
上海华东	45、53、38	90、100	50、55、100	70、100
广州	38、45、46、100	70、73、90、108	46、70、100	70、100
	40、45、50、55、60、80			
深圳	40、45、50	70、80、90	45、55、70	70、100
	55、60、70、80		80、100	

表2-5-3 我国各地铝合金窗型材系列对照参考表(单位:mm)

窗型地区	铝合金窗				
	固定窗	平开、滑轴	推拉窗	立轴、上悬	百叶
北京	40、45、50	40、50、70	50、60、45	40、50、70	70、80
	55、70		70、90、90-1		
上海	38、45、50	38、45、50	60、70、75	50、70	70、80
华东	53、90		90		
广州	38、40、70	38、40、46	70、70B	50、70	70、80
				73、90	
深圳	38、55	40、45、50	40、55、60	50、60	70、80
	60、70、90	55、60、65、70	70、80、90		

铝合金门窗安装及要求如下(图2-5-19):

① 用预埋件、膨胀螺栓或射钉固定连接件。

② 门窗框用螺钉固定在连接件上(防止碱性腐蚀)。

③ 避免门窗框与水泥砂浆接触。

④ 门窗框与墙体的连接点每边≥2点,间距≤0.7m,与端部距离≤0.2m。

⑤ 门窗框的缝隙用密封防水材料填充。玻璃安装时用橡胶条或硅酮胶密封。

(3)塑料门窗(塑钢门窗)

塑料门窗(塑钢门窗)是以聚氯乙烯、改性聚氯乙烯或其他树脂为主要原料,轻质碳酸钙为填料,添加适量助剂和改性剂,经挤压机挤出成各种截面的空腹门窗异型材,再根据不同的品种规格选用不同截面异型材料组装而成。由于

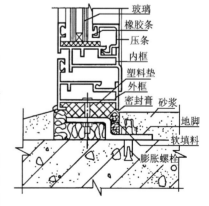

图2-5-19 铝合金门窗安装节点

塑料的变形大、刚度差,一般在型材内腔加入钢或铝等,以增加抗弯能力,即所谓塑钢门窗,如图 2-5-20 所示。具有强度高、气密性好、隔声效果好、耐腐蚀、造型美观的特点。

 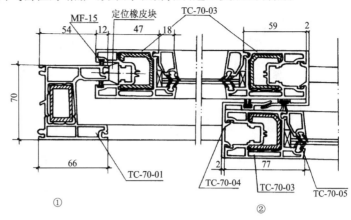

图 2-5-20 塑料门窗断面示意

塑料门窗线条清晰、挺拔,造型美观,表面光洁细腻,不但具有良好的装饰性,而且有良好的隔热性和密封性。其气密性为木窗的 3 倍,铝窗的 1.5 倍;热损耗为金属窗的 1/1000;隔声效果比铝窗高 30dB 以上。同时塑料本身具有耐腐蚀等功能,不用涂涂料,可节约施工时间及费用。因此,塑料门窗发展很快,在建筑上得到大量应用。

按其塑料门窗型材断面分为若干系列,常用的有 60 系列、80 系列、88 系列推拉窗和 60 系列平开窗、平开门系列(表 2-5-4)。

表 2-5-4 塑料门窗类型(按型材断面分)

型材系列名称	适用范围及选用要点
60 系列	主型材为三腔,可制作固定窗、普通内外平开窗、内开下悬窗、外开下悬窗;单窗。可安装纱窗。内开可用于高层,外开不适于高层
80 系列	主型材为三腔,可安装纱窗。窗型不宜过大,适合用于 7～8 住宅层
88 系列	主型材为三腔,可安装纱窗。适用于 7～8 层以下建筑。只有单玻设计,适合南方地区

塑料门窗设计选用要点:

① 门窗的抗风压性能、空气渗透性能、雨水渗透性能及保温隔声性能必须满足相关的标准、规定及设计要求。

② 根据使用地区、建筑高度、建筑体形等进行抗风压计算,在此基础上选择合适的型材系列。

塑料门窗安装要点,如图 2-5-21 所示。

① 塑钢门窗应采取预留洞口的方法安装,不得采用边安装边砌口或先安装后砌口的施工方法。门窗洞口尺寸应符合现行国家标准《建筑门窗洞口尺寸系列》GB/T 5824—2008 有关的规定。对于加气混凝土墙洞口,应预埋胶粘圆木。

② 门窗及玻璃的安装应在墙体湿作业完工且硬化后进行,当需要在湿作业前进行时,应采取保护措施。

③ 当门窗采用预埋木砖法与墙体连接时,其木砖应进行防腐处理。

④ 施工时,应采取保护措施。

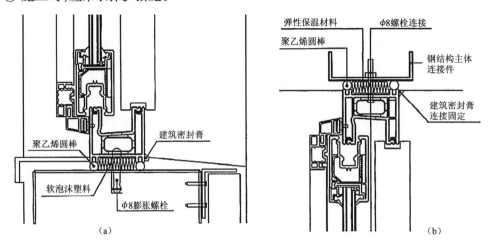

图 2-5-21　塑料门窗安装

(a)用膨胀螺栓与钢筋混凝土结构连接;(b)用螺栓与钢结构主体连接体连接

2.7.3　遮阳

在炎热地区,夏季阳光直射室内,会使房间过热,并产生眩光,严重影响人们的工作和生活。外墙窗户遮阳措施,可以避免阳光直射室内,降低室内温度,节省能耗,同时对丰富建筑立面造型也有很好的作用。

1. 遮阳种类

遮阳种类有挑檐、外廊、花格、芦席、布篷、百叶、绿化、镀膜、构件等,如图 2-5-22 所示。对于低层建筑运用植物对建筑物进行遮阳是一种既有效又经济的措施。

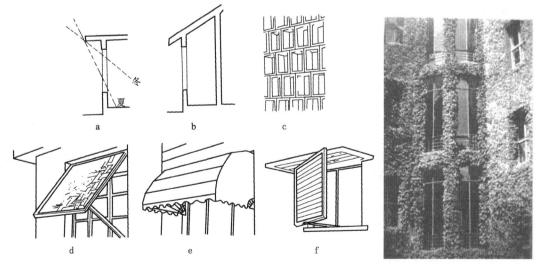

图 2-5-22　各种遮阳

a—出檐;b—外廊;c—花格;d—芦席遮阳;e—布篷遮阳;f—旋转百叶遮阳

2. 遮阳板的形式

遮阳板的形式有水平式、垂直式、综合式、挡板式和连续式,如图 2-5-23 所示。分别适合于不同方向射入的阳光,同时构成不同的立面凹凸线条。

（1）水平式遮阳板

水平式遮阳板能够遮挡高度角较大的、从窗口上方射来的阳光,适用于南向窗口和北回归线以南的低纬度地区的北向窗口,如图 2-5-23（a）所示。

（2）垂直式遮阳板

垂直式遮阳板能够遮挡高度角较小的、从窗口两侧斜射来的阳光,适用于偏东、偏西的南或北向窗口,如图 2-5-23（b）所示。

（3）综合式遮阳扳

水平式和垂直式的综合形式,能遮挡窗口上方和左右两侧射来的阳光,适用于南、东南、西南的窗口以及北回归线以南低纬度地区的北向窗口,如图 2-5-23（c）所示。

（4）挡板式遮阳扳

挡板式遮阳板能够遮挡高度角较小的、正射窗口的阳光,适用于东西向窗口,如图 2-5-23（d）所示。

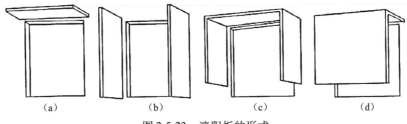

图 2-5-23 遮阳板的形式

根据以上形式,可以演变成各种各样的其他形式。例如单层水平板遮阳其挑出长度过大时,可做成双层或多层水平板,挑出长度可缩小而具有相同的遮阳效果。又如综合式水平式遮阳,在窗口小、窗间墙宽时,以采用单个式为宜;若窗口大而窗间墙窄时以采用连续式为宜。

（5）连续遮阳

连续遮阳有水平方向、垂直方向和综合式样等。此时,外墙上的连续遮阳构件可以韵律美,对丰富建筑造型有很大作用,如图 2-5-24 所示。

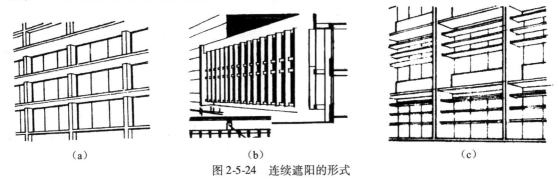

图 2-5-24 连续遮阳的形式

（a）水平方向;（b）垂直方向;（c）既有水平方向又有垂直方向

3. 轻型遮阳

由于建筑室内对阳光的需求是随时间、季节变化的,而太阳高度角度也是随气候、时间不同而不同,因而采用便于拆卸的轻型遮阳和可调节角度的活动式遮阳对于建筑节能和满足使用要求均很好(图2-5-25)。

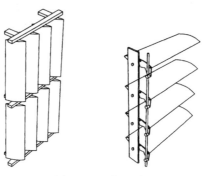

图 2-5-25　轻型遮阳

轻型遮阳因材料构造不同类型很多,常用的有机翼形遮阳系统,按其安装方式的不同可分为固定安装系统和机动可调节系统。

固定安装系统是将叶片装在边框固定的位置上。叶片安装角度从0°~180°(以5°递增)均可,安装后叶片角度不可调整。

机动可调安装系统中叶片通过可调节的传动杆连接到电动马达上,以使叶片按需要在0°~120°之间任意调整。

任务实施

由教师指定各组考察对象(如附近教学楼、图书馆、宿舍、体育馆、医院、办公楼、影剧院、技术馆、住宅等),学生以4~6人为一组对建筑楼地层考察参观、拍照并做成PPT汇报交流,组长负责组织。

任务评价

评价等级	评　价　内　容
优秀(90~100)	不需要他人指导,组员之间团结协作,能够正确按照任务描述按时完成任务;PPT制作条理清晰、图文并茂、画面重点突出;汇报过程语言表达准确、流畅;并能指导他人完成任务
良好(80~89)	需要他人指导,组员之间团结协作,能够正确按照任务描述按时完成任务;PPT制作条理清晰、图文并茂、画面重点突出;汇报过程语言表达准确、流畅
中等(70~79)	在他人指导下,组员之间团结协作,能够按照任务描述按时完成任务;PPT制作图文并茂,画面重点突出,汇报过程语言表达流畅
及格(60~69)	在他人指导下,能够按照任务描述按时完成任务;PPT制作图文并茂,汇报过程语言表达流畅

思考与练习

1. 简述各种开启方式门窗的特点及适用范围。
2. 简述门的基本构造组成。如何进行门的选用和布置?
3. 简述窗的基本构造组成。如何进行窗的选用和布置?
4. 如何实现门窗的建筑节能?

项目3 理解建筑空间与建筑设计

任务1 分析某建筑设计方案的优缺点

任务目标

认知建筑图纸空间并理解建筑空间与人体工程学、自然环境、技术以及建筑设计之间关系。

任务要求

① 选择某建筑设计方案中房间3个,分析其房间功能、面积、尺度、比例、门窗位置和大小、与其他房间之间的联系等,并明确其在建筑中的位置是否合理。

② 分析某建筑设计方案的平面功能组合优缺点。

③ 分析某建筑设计方案立面的造型特点。

任务2 分析周边某建筑的空间设计

任务目标

认知现场建筑空间并理解建筑空间与人体工程学、自然环境、技术以及建筑设计之间关系。

任务要求

① 选择现场某建筑内部房间3个,分析其房间功能、面积、尺度、比例、门窗位置和大小、与其他房间之间的联系等,并明确其在建筑中的位置是否合理。

② 分析现场某建筑的平面功能组合优缺点。

③ 分析现场某建筑立面的造型特点。

知识与技能

3.1 建筑空间与人体工程学

建筑空间是人们为了满足人们生产或生活的需要,人们运用各种建筑要素与形式所构成的内部空间与外部空间的统称。自然空间有着几乎是无限的广阔范围,建筑空间则是对自然的限定和改造,是因人的需要设立的。

人体工程学是研究人体尺度和人体活动所需的空间尺度。在建筑设计中,主要研究家具、设备与人的配合关系,包括人的生理、心理、行为等对建筑空间的要求。

人体工程学对建筑设计的影响比较突出的有以下四个方面:

① 根据人体工程学,对家具进行科学分类,并合理确定家具的各部分尺寸,使其既具有实用性,又能节省材料。

② 人体工程学对人体尺度、动作范围的精密测定，为确定室内空间尺度、室内家具设备布置提供了定量依据，增强了室内空间设计的科学性。

③ 室内环境要素参数的测定，有利于合理地选择建筑设备和确定房屋的构造做法。

④ 由于建筑艺术要求真、善、美统一，建筑空间环境引起的美感常常和实用舒适分不开，所以人体工程学也在一定程度上影响了建筑美学。

3.1.1 建筑空间与人的基本活动尺度

建筑空间为人服务，首先就要满足人体各种基本活动尺度的要求。

人在各种各样的建筑空间中活动时，都是由各种最基本的行为单元构成的，这些行为单元的尺度与建筑空间密切相关，在建筑设计中占据着主导地位。为了能设计出符合人使用的舒适的活动空间，我们首先要熟悉一些人体活动的基本尺度，包括不同服务对象的人体尺度(图3-1～图3-7)。

不同年龄的人，人体高度不同。在运用人体基本尺度时，除考虑年龄的差别外，还应注意地域、穿戴、物品等对尺度的影响问题：

① 设计中采用的身高并不一定都是平均数，应视情况在一定幅度内取值，并酌情增加戴帽穿鞋的高度。

② 时代不同，身高也在变。近年来我国不少城市调查表明，青少年平均身高有增长趋势，所以在使用原有资料数据时应与现状调查结合起来。

③ 针对特殊的使用对象，人体尺度的选择也应做调整。例如，外国人和运动员身高较高；老年人身高比成年人略低；乘轮椅的残疾人应将人与轮椅结合起来考虑其尺度。

人在社会活动中不仅要着衣，有时还要携带物品，并与一定的家具设备发生关系。因此，还应了解一些常用家具、卫生设备及人在使用这些家具、设备时各种行为单元的尺寸，以便为建筑室内空间设计提供正确的依据(图3-8～图3-13)。

在建筑设计中，我们要针对不同的服务对象，进行合理的空间尺寸设计。如在幼儿园设计中活动室可根据活动需要灵活布置，建筑尺度如楼梯、门窗、家具等要符合幼儿身材的特点。同样属于学校建筑的小学、中学、大学，使用对象的人体尺度与相应的活动也有着明显的差别；残疾人的活动往往还要借助于器械和设备的帮助，对于活动空间尺度有着特殊的要求，这些都是我们需要了解和注意的。当然，决定建筑空间大小必须考虑使用人数和家具、设备的数量多少是一定的。如满足40人的教室与满足120人的教室，在空间尺寸上肯定是不同的。

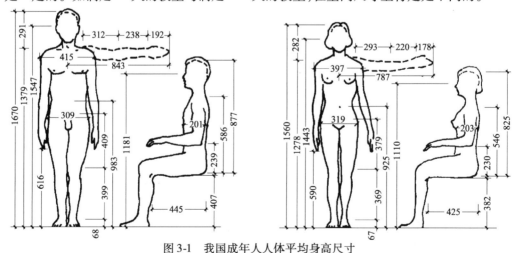

图3-1 我国成年人人体平均身高尺寸

本资料摘自《建筑设计资料集》第二版第1册，是按我国中等人体地区(长江三角洲)的人体测量资料绘制

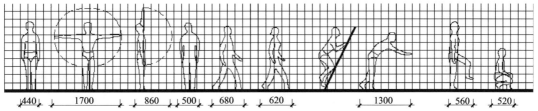

图 3-2　成年人人体基本活动尺度

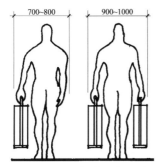

图 3-3　旅客行走时的尺度

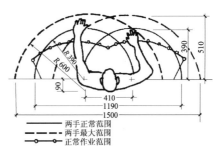

图 3-4　成年男子手臂水平活动范围

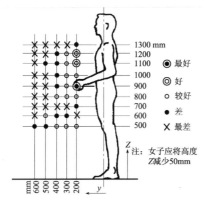

图 3-5　成年男子在垂直工作面
操作时最佳位置选择

图 3-6　女子拿物品时的区间分类

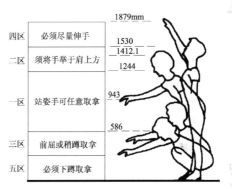

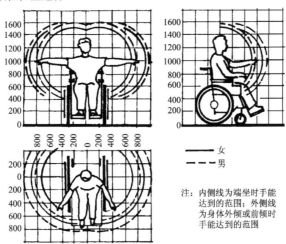

图 3-7　乘轮椅者的尺度

161

图 3-8 常用家具尺寸

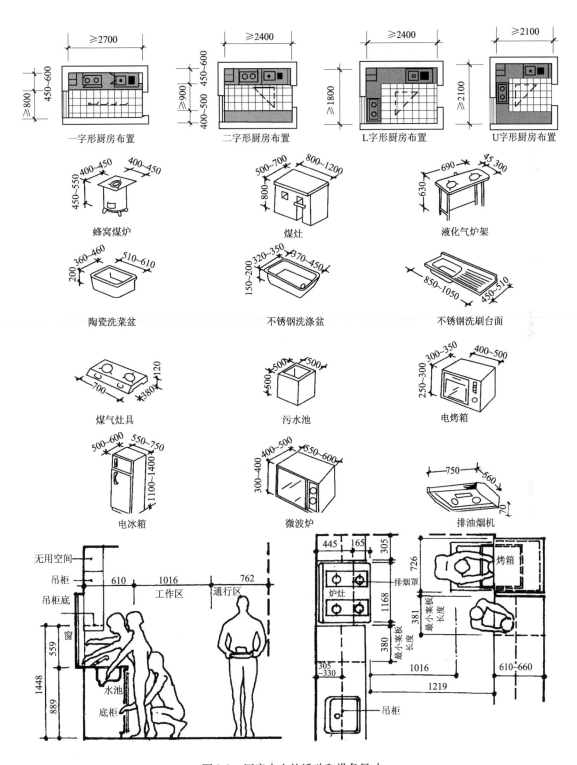

图 3-9　厨房中人的活动和设备尺寸

储藏设施

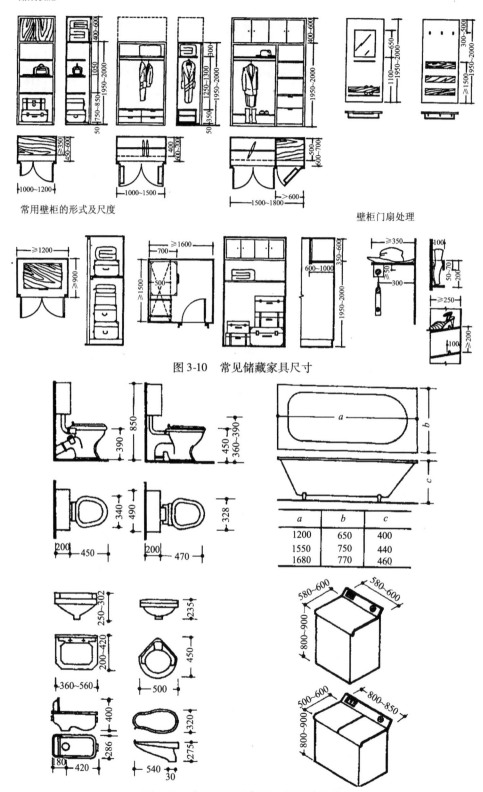

常用壁柜的形式及尺度

壁柜门扇处理

图 3-10　常见储藏家具尺寸

图 3-11　常用卫生设备及人的活动尺寸

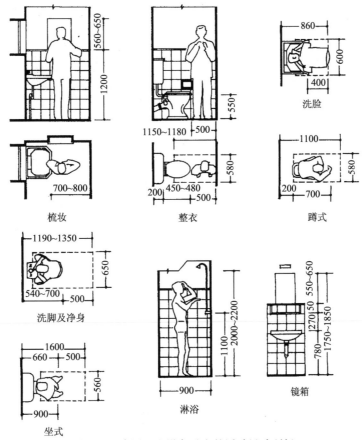

图 3-11　常用卫生设备及人的活动尺寸(续)

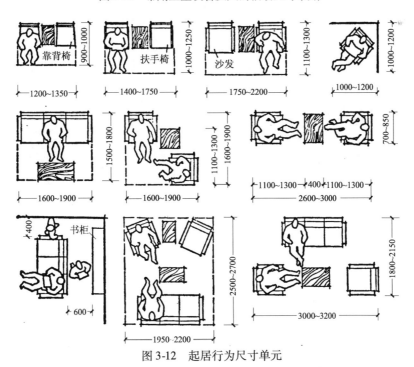

图 3-12　起居行为尺寸单元

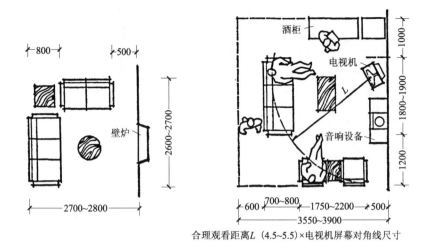

合理观看距离L（4.5~5.5）×电视机屏幕对角线尺寸

图 3-12　起居行为尺寸单元(续)

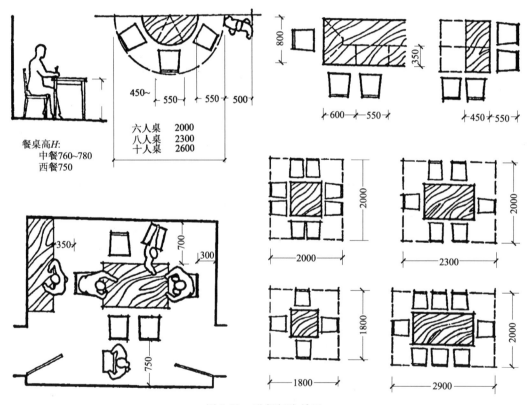

图 3-13　进餐行为单元

3.1.2　建筑空间与人的生理

建筑空间与人的生理主要指人在使用建筑时对建筑的朝向、通风、采光、照明、保温、隔热、隔声等方面的要求,它们都是满足人们健康生活、生产的必需条件,是衡量建筑是否舒适的基本标准。

以住宅为例,住宅主要由居室、厨房、卫生间等各功能空间组成,相对来说,居室、卧室等是住宅的主要房间,厨房、卫生间是住宅的次要房间。各功能空间对人的生理舒适方面提出了相应要求,如图3-14和表3-1所示。就日照要求来说,为满足人的健康需要,相关标准要求每套居民住宅必须有一间居室获得日照,日照时间为分别在大寒日2h或冬至1h连续满窗日照。因此,根据我国所处的地理位置特点,我们常将住宅中的主要房间居室(卧室)安排在南向,而将厨房、卫生间等次要房间安排在其他朝向;就采光、通风以及保温来说,根据住宅私密性很强的特点要求,居室的窗户开设能够满足通风、满足窗地比(窗户面积和房间面积之比)1/8～1/10、满足日照标准即可,而不需要开设太大;就隔声来说,则需要合理安排好起居室与卧室之间的动静分区。

对那些卫生要求特别高、对人(幼儿、老人)的健康影响较大的建筑物,如托儿所、幼儿园、疗养院、养老建筑等,日照标准提高为每间活动室或者居室都必须获得日照,而且连续满窗日照时间为3h。为满足日照要求,这些建筑内部的活动室或居室都必须安排在良好的朝向。对于医院来说,不仅要做好和健康卫生密切相关的洁污空间分区,还要做好住院与门诊的隔声分区等。

随着技术水平的提高,建筑满足人的生理要求的可能性会日益增大,如改进材料的各种物理性能,使用机械辅助通风,集中空调等。

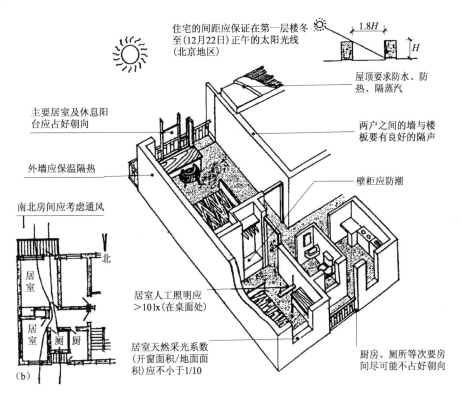

图3-14　建筑舒适举例

表 3-1 卧室舒适标准

种　类	一般标准		舒适标准	
	最小边净尺寸（m）	最小使用面积（m²）	最小边净尺寸（m）	最小使用面积（m²）
单人卧室	2.1	5	2.4	7
双人卧室	2.7	8	3	10
主卧室	2.7	10	3	11

3.2 建筑空间与人的行为心理

在日常生活中,对于不同的建筑空间,我们常常有不同的心理感受和情绪体验:或温馨亲切,或庄严凝重,或神秘压抑、或开朗活泼……人的心理属于人的精神感受。

建筑空间之所以能给人们以这些不同的感受,是因为人类以特有的联想思维和与之相应的审美反映,赋予不同建筑空间的性格特征。一个良好的建筑空间既可以让人产生积极的心理,更可以引导人产生积极的行为,从而形成人与建筑之间的良好互动。

为让建筑更好地为人类的生活、工作、生产等社会活动创造良好的空间环境,为人们服务,20 世纪以来,建筑理论工作者开始运用现代哲学、社会学、环境学、行为学、生理学、心理学、技术学等来研究"建筑·环境·人"之间的关系,其中行为建筑学的研究极大丰富了建筑理论,也促进了建筑设计实践。

3.2.1 关于行为建筑学

行为建筑学是建筑学与行为科学、心理学交叉的学科,主要研究人的需要、欲望、情绪、心理机制等与环境及建筑的关系,研究如何通过城市规划与建筑设计来满足人的行为心理要求,以达到提高工作效率,创造良好生活环境的目的。

1. 研究范围

行为建筑学研究的范围十分广泛,大致可分为两类。

（1）人、人际关系与空间

人处于空间中。单个人所需要的空间包括人体自身所占的空间、动作域空间和心理空间（图 3-15）。前两类空间可以通过人体工程学进行测定,后者则仰赖于心理学的研究。

人在空间中具有方向性,除动作外,还会有上下、前后、左右方向上的判断。这种判断会产生不同联想,如上升、下降;前进、后退;胜利、失败等。

人有领域感。领域感是人所占有的与控制的一定空间范围。它可以是建筑空间的一部分,也可能只是象征性的。

人与人接触,其恰当距离视情况而不同。有的社会心理学家提出,人际间社会接触有 4 种距离:亲密距离,如夫妇、双亲与子女,可在 35cm 以内;个人距离,如密切的朋友,约在 35~120cm;社交距离,如熟人,约在 120~300cm;公共距离,如陌生人,约在 3~9m。

人与人的位置关系还包括重叠、交接、邻近和分离（图 3-16）。

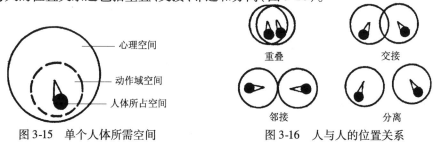

图 3-15 单个人体所需空间　　　　图 3-16 人与人的位置关系

在更复杂的人际关系中,每个人对空间的要求涉及家具布置、团体交往、个人领域等很多因素。由于人既是个体,又具有社会性,因此在有的情况下需要私密性,有的情况则要求公共性、开放性。

(2)人与环境

环境是与个体相对应的空间、时间和社会万物的总体。环境可以分为形体环境和社会环境两大部分。形体环境由建筑、道路、场地、植物、环境设施等物质要素构成,其中有属于人工的,也有属于自然的。社会环境由人的各种社会活动构成,如欣赏、游览、交往、购买、聚会、工作、劳动等。形体环境是社会活动的场所,对各种行为起容纳、促进或限制、阻碍的作用。因此,形体环境要满足人的生理、心理需要,符合行为规律,为人类的各种活动提供环境支持,创造符合时代要求的空间。由于人的生理要求在人体工程学中已有研究,所以行为建筑学的研究往往侧重于心理方面。因此,不少人把行为建筑学称为建筑环境心理学。

早期研究的一个重要领域是工作环境与工人心理。研究表明,人的行为受心理活动支配。环境影响心理,也影响人的行为。一定的环境会产生一定的心理,一定的心理将影响工人工作的积极性。例如,井然有序的室内布置,有条不紊的工艺流程,清洁卫生的工作场所,充足而柔和的光线,赏心悦目的色彩,在工人目之所及的地方布置绿树鲜花,都有利于提高工人的工作热情,减弱疲劳感,从而提高了劳动生产率。以后,这一研究进一步扩展到其他用途的空间,探索各种自然环境、人工环境与人的心理感受、人的身心健康和生活质量之间的关系。社会学家、心理学家、建筑设计人员都参与了研究工作。

行为建筑学研究的另一重要领域是城市环境与居民心理。各种规模建筑环境对人的行为影响是不相同的,如生活在独户住宅、非独户住宅、街道、居民区、郊区的居民有不同的行为。住宅的类型和位置,可以影响家庭成员的相互关系,影响邻里交往和儿童的娱乐活动。同样的环境,对不同年龄、经济地位、文化水平的人的影响也有差异。有人认为,通过设计不同的环境,可以在一定程度上影响人的行为。例如,优美而整洁的建筑环境,有利于使人养成讲究卫生的习惯,培养爱美的心理。行为建筑学还考察了现代化大城市的各种弊端,如人口密度太大,交通问题突出,污染与噪声严重,信息过量,人工环境过多,人的精神负担过重,人际关系冷漠等。

2. 行为建筑学的研究方法

行为建筑学的研究任务,主要是将大量定性的内容,通过各种科学研究手段,达到定量化分析,以提供科学的环境质量设计依据。行为建筑学由于重点是环境心理研究,所以其研究方法与现代心理学相似,大体上可分为实验法和调查分析法两大类。实验法可分为现场实验法与实验室实验法两种。调查法分为观察分析法与调查分析法,或者将两者结合起来形成观察调查分析法。

下面举例说明几种常见方法。

(1)建筑环境实验室

有的国家或地区已建立了不同规模的环境实验室,其中包括室内气候实验、人体环境实验、视觉环境实验、环境心理实验等,根据任务配备有相应的测试仪器和设备。

(2)认知地图法

这种方法是请受试者快捷地画出一张某地区地图,然后标出哪些是他认为最突出的部分,包括小的细节到大的区域,最后详细描述他个人穿越这一地区的感受等。研究者将大量的个人认知地图和口头报告加以汇总,便能得出对某地区的公众印象。

（3）语义区别法

这种方法是让受试者观察真实的环境或所摄制的录像、照片、幻灯片，同时评价所看到的情况，根据各自的感受在语义标度表上打分。大量的测试结果再经过因素分析，便能产生较为精确的定量分析结论。

（4）问卷法

这种方法是让受试者在审慎编排的问卷上对环境质量进行评判，然后将大量的答案进行汇总和回归分析，并建立合适的数学表达式。

（5）时间支配报告

这是一种以口头或书面方式提出的，关于一个人在规定时间内所做事情的记录，通常为2 h，或其整倍数。记录要求精确详尽，受试者要有代表性，并尽可能多一些。一般以每10～15 min为最小时间单位，按顺序记录每项活动的性质、参与者、发生地点和起止时间等。时间支配报告可用访问、问卷、时间安排日记等方法来收集资料，然后用编码方式用卡片或磁带储存起来，最后用计算机做数据处理。

（6）行为场所观察法

这种方法一般通过对具体环境中人的行为及所耗时间的调查，来对特定的形体和社会环境的数量、位置、规模、建筑处理等进行评价。这种方法常辅之以摄影、录像等技术，以取得更好的效果。另外，还可以采取间接度量方式，即当受试者自己不在现场，通过检查遗留痕迹或档案记录进行统计。

以上这些方法获得的资料，大多要经过数理统计处理，然后才能引出相应的结论。

3. 行为建筑学对建筑设计的影响和作用

行为建筑学对建筑的空间环境设计的影响十分深刻。它强调人的心理因素，并从定性分析发展为定量分析、能更深入地研究和预测人在环境中的行为，从而使空间环境设计在满足人的物质功能、精神功能等方面都大大前进了一步。它主张用现代科学手段对环境进行调查分析，这也为设计工作与实际结合找到了新途径。它还主张公众参与设计，打破了设计者单独设计的狭小圈子。在对现代城市的研究中，它分析了现代大城市的各种弊端，为更新城市规划理论和指导规划实践提供了依据。

下面举例说明行为建筑学在建筑设计中的应用。

【例1】 住宅楼梯坡度选择

楼梯坡度过陡使人多耗体能，年老体弱者上下困难。现选取正常体质男、女、老、中、青及幼共30名受试者，进行爬升楼梯疲劳实验，测定每个人的血压、脉搏和呼吸变化，记录疲劳感应，然后整理出楼梯坡度与心理疲劳感受图表、疲劳有感人数变化图表（图3-17）。结果表明，住宅楼梯踏步采用155mm×290mm或166mm×280mm比较舒适，而175mm×270mm则疲劳感较突出，四层以上的住宅不宜采用。当然，设计中实际采取的数据还要考虑经济等因素。目前我国一般标准，城市住宅楼梯坡度仍然是偏大的。

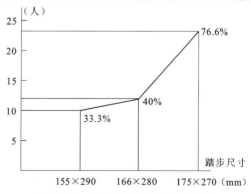

图3-17 上楼梯疲劳有感人数变化

【例2】 医院护士站位置选择

布置 A、B、C 三个方案,对病人和护士都进行心理测试,结果是:A 方案能满足护士的要求,有屏蔽范围,便于管理,但病人与护士有隔离感;B 方案将护士站设在单独的房间中,管理方便,病人可以进入房间与护士接触,但心理上感觉护士离病人远,有的病人徘徊在房门口而不敢进去;C 方案考虑了护士和病人双方的行为特点,护士站前设有开敞的值班柜台,后面有与之连通的房间,病人可在柜台前与护士接触,护士又可进入房间工作,是一个考虑周到的方案,如图 3-18 所示。

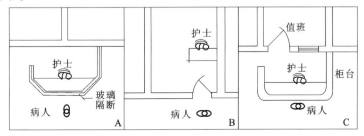

图 3-18 护士站位置选择

3.2.2 建筑空间的实现与心理

建筑空间的虚无是通过有形的实体限定来实现的。不同的实体限定对人的心理会产生不同的影响,从而获得不同的情绪体验。在合理的范围内,当实体限定越多时,建筑空间的围合感就越强,给人的感觉往往是越封闭和越压抑;反之则是越开敞和通透。当实体限定超越一定范围后,给人带来的则是不安定(图 3-19 ~图 3-21)。

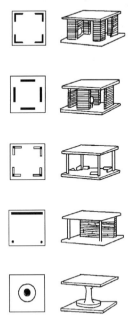

图 3-19 单个空间不同程度实体的围合与限定

171

限定感较强		限定感较弱		限定感较强		限定感较弱	
竖向高		竖向低		视野窄		视野宽	
横向宽		横向窄		透光差		透光强	
向心型		离心型		间隔密		间隔稀	
平直状		曲直状		质地硬		质地软	
封闭型		开放状		明度低		明度高	
视线挡		视线通		粗糙		光滑	

图 3-20 不同形状和不同质感实体的限定

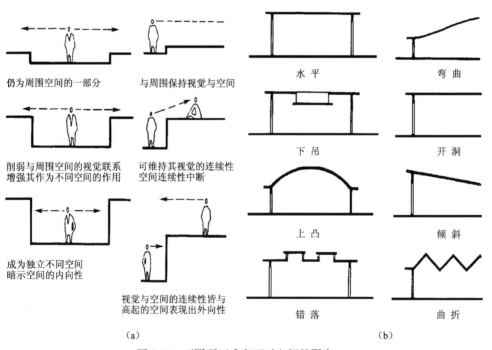

（a）　　　　　　　　　　　　　　　　　　　　（b）

图 3-21 不同顶面或底面对空间的限定

同时,在实体限定下,不同的空间形状、大小、方向会形成不同的环境气氛,给人们带来不同的心理感受。通常来说,一个狭长的空间往往具有很强的引导性,形状规则的空间显得简洁、单纯、朴实;由曲面形成的空间感觉比较流畅、柔和、动感、抒情;高直的空间会给人以崇高、庄严、肃穆、向上;合适尺度的水平空间会给人开阔、亲切、舒展;而低矮的空间则会给人以

172

压抑……如图3-22所示,在同一空间中采用不同形式的限定,不仅对人的行为产生影响,同时带给人的心理感受也是不同的。

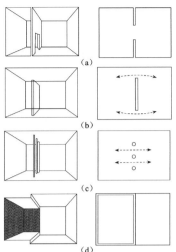

图3-22　同一空间可采用不同形式的限定实现

在一些建筑空间的形状和大小设计中,甚至人们心理的因素往往起着更为重要的作用。以我们常见的住宅为例,一般来说,2.2m的层高就能够满足各种功能的人体工程学的基本尺度要求,但很显然,人们觉得这一高度显得过于压抑,于是人们从自身的心理感受出发,通常采用2.8~3.6m的层高来进行普通住宅空间的高度限定。而且这一数据在被应用的实践过程中,已经成为常用数据,从而形成一种相对固定的心理审美感觉,过高或过低都会被认为是不舒服的。对于卧室来说,人们需要的是柔和亲切的环境气氛,因此房间的面积一般控制在12~18m²,过大的卧室面积反而会使人产生不安全的感觉。又例如哥特式教堂竖高的内部空间,如果单纯从人体尺度要求来看,即使教堂的高度降为原来的1/10也能满足使用,但其中崇高、神秘的宗教气氛将荡然无存,从而很难达到人们对宗教神秘力量以及对神权的无限向往和崇拜心理(图3-23)。

在建筑空间的设计中,为满足人的心理要求,往往还会利用一定的象征、隐喻、夸张等手法形成不同特征的建筑空间,以达到人们对建筑空间的心理感受:或温馨亲切,或庄严凝重,或神秘压抑、或开朗活泼等。如一些纪念性建筑和一些公共建筑,往往通过夸张的尺度,给人以庄严凝重,给人以雄伟壮观的心理作用(图3-24)。

图3-23　哥特教堂

图3-24　雨花台纪念馆

同时,材料对于建筑空间的质感表现也很重要。例如玻璃的明亮通透,混凝土的古朴可塑,金属的现代冷峻……恰当利用材料的色彩、质感来体现不同的空间效果,也是建筑设计中需要考虑的问题。

人们在长期的生活实践中所形成的心理体验,使不同的建筑空间形状、大小、方向、开敞或封闭、明亮或黑暗,产生不同的心理情绪影响。为此,建筑空间在满足基本使用功能的前提下,通过不同的空间手段营造不同的环境气氛,更是人们在精神方面的需求。

3.2.3 建筑空间组织与人的行为要求

建筑为人服务。人在使用建筑的过程中,安全、舒适、方便、快捷是人的正常心理。建筑由许多建筑空间经过一定组织方式形成,合理的空间组织方式是人们有效使用建筑的需要。为此,我们在进行建筑空间的组织中,就要充分考虑人的行为顺序及特点要求,研究建筑各部分空间的组合方式,以达到建筑很好地为人们服务的目的。

如在展览馆、纪念馆、陈列馆的设计中,人的行为次序由进口到出口的特点,也就决定了此类建筑空间的"序列性"或"线性组合",即将各个空间逐个串联连接即可(图3-25)。

对于有行为次序,但又有人流分支的医院、车站、航空等则要同时考虑不同人流和行为次序。如在火车站的设计中,为方便旅客顺利上下车,不走冤枉路,不造成拥挤堵塞。就要充分考虑上、下车旅客的行为活动顺序和特点,合理安排如售票厅、入口大厅、候车室、进站口、出站口、行包房等各部分空间之间的关系,做到人货分流,上下车旅客分流,从而保证火车站的秩序井然,提高火车站的出行使用效率(图3-26)。

对于各空间功能相同、相互独立,且没有明确的次序关系的,则多以并联式组合方式将各空间组织在一起,如教学楼中的教室、宿舍、旅馆等(图3-27)。

根据建筑各部分需要,混合组合也是空间组织的方式,即将串联组合和并联组合一起用在同一建筑中(图3-28)。

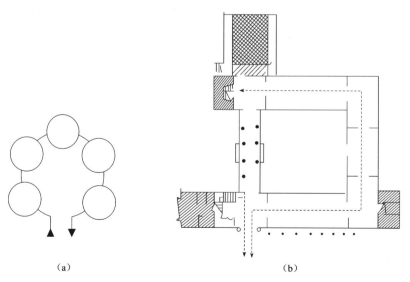

(a)   (b)

图3-25　人的行为次序决定了空间的串联组合

(a)串联式连接各空间;(b)某展览馆空间序列示意

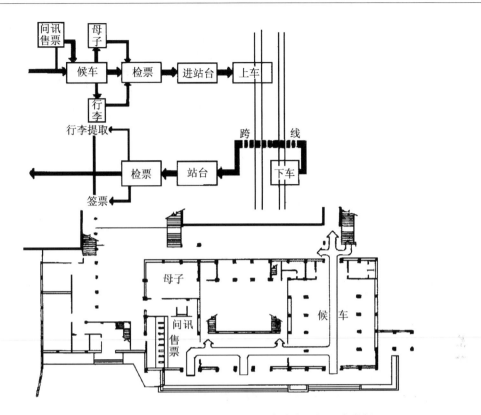

图 3-26　火车站——不同人流的行为次序决定空间组合举例

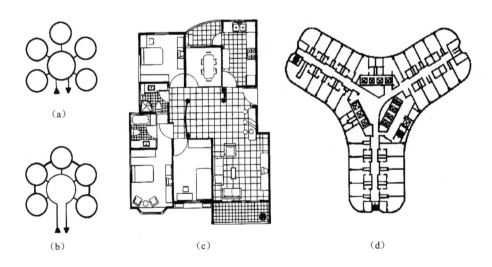

图 3-27　没有明确行为次序的并联空间组合举例

(a)用公共中心连接各并联部分;(b)用走道连接并联部分;(c)用起居
室连接各其他房间的典型住宅平面;(d)某旅馆用内走道连接各间客房

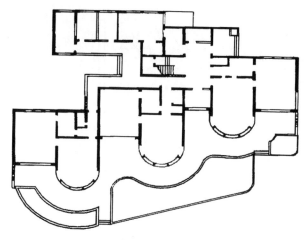

图 3-28　根据各空间需要的混合组合举例

建筑功能的不同决定了人们在使用建筑过程中所产生的行为不同。根据人们在使用建筑过程中所产生的行为不同,不同功能建筑所解决主要矛盾也就不同。如商业建筑要很好解决人流、货流问题;影剧院建筑需要解决的主要矛盾则是视听效果以及人流疏散的问题;图书馆建筑要妥善解决借书、还书及藏书的管理问题;车站建筑则主要解决人流进站、人流出站问题等,而针对人们在使用建筑的过程中所产生的行为特点进行研究设计,也就形成了不同类型的建筑空间特点。如影剧院的无柱子大空间和商场的有柱子框架结构空间(图 3-29),图书馆建筑有序无场地空间和车站建筑的有序大场地空间。

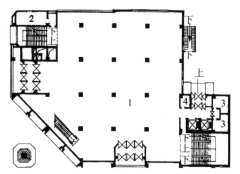

图 3-29　不同建筑功能空间的内部特点——影剧院的无柱子大空间和商场的有柱子空间

以上所述是针对民用建筑而言的。在工业建筑的设计中,由于主要满足生产的需要,此时生产工艺、机械设备的尺度对建筑空间的大小、高度起了决定作用,对于工业建筑内部的空间组织往往也是由工艺流程的先后顺序决定。

3.3　建筑空间与自然环境

建筑空间通过的墙、屋顶、门窗等实体限定,与大自然空间区分开来,但建筑仍处于大自然环境当中,作为人们抵御自然侵袭的产物,自然环境的状况对建筑的安全使用、人在建筑空间内部的卫生、舒适度等有很大影响,同时建筑作为环境整体的一部分,人们也总希望在以建筑为主的人工空间环境中得到与自然环境的沟通。为此,自然环境成为建筑设计中的必要条件依据,而由于不同地区自然环境的差异,建筑也变得千差万别、丰富多彩。

与建筑空间相关的自然环境主要可分为气候条件、地质地貌水文、建筑周围环境等三个方面:

1. 气候条件气候

气候条件包括建设地区的温度、湿度、日照、降水、风向和风速等。

我国幅员辽阔,各地区气候差异悬殊,北方的大陆性气候、沿海的海洋性气候、南方的湿热气候、云南的高原气候、四川的盆地气候、吐鲁番的沙漠性气候等。

(1)建筑热工设计分区及相关要求

不同地区的气候条件千差万别。为方便做好建筑的保温、隔热设计,我国划分为五个建筑热工设计分区。所依据的气候要素是空气温度。以最冷月(即1月)和最热月(即7月)平均温度作为分区主要指标,以累年日平均温度不大于5℃和不小于25℃的天数作为辅助指标,将全国划分为5个区,并颁布了相应的《民用建筑热工设计规范》。针对不同的热工分区,建筑设计要求也不相同(表3-2)。即

① 严寒地区:如黑龙江、内蒙古地区,需加强建筑物的防寒措施,不考虑夏季防热。

② 寒冷地区:如吉林、辽宁、山西、河北、北京、天津及内蒙古的部分地区,以满足冬季保温设计为主,适当兼顾夏季防热。

③ 夏热冬冷地区:如长江下游、两广北部,必须满足夏季防热,适当兼顾冬季保温。

④ 夏热冬暖地区:如两广地区南部、海南省,必须满足夏季防热,不考虑冬季保温。

⑤ 温和地区:如云南省大部分地区、四川东南部地区,部分地区考虑冬季保温,一般可不考虑夏季防热。

表3-2　建筑热工设计分区的设计要求

分区名称	分区指标		设计要求
	主要指标	辅助指标	
严寒地区	最冷月平均温度≤-10℃	日平均温度≤5℃的天数≥145 d	必须充分满足冬季保温要求,一般可不考虑夏季防热
寒冷地区	最冷月平均温度0~-10℃	日平均温度≤5℃的天数90~145d	应满足冬季保温要求,部分地区兼顾夏季防热
夏热冬冷地区	最冷月平均温度0~-10℃,最热月平均温度25~30℃	日平均温度≤5℃的天数0~90d,且日平均温度≥25℃天数40~110d	必须充分满足夏季防热要求,兼顾冬季保温
夏热冬暖地区	最冷月平均≥10℃,最热月平均温度25~29℃	日平均温度≥25℃天数100~200d	必须充分满足夏季防热要求,一般可不考虑冬季保温
温和地区	最冷月平均温度0~-13℃,最热月平均温度18~25℃	日平均温度≤25℃天数0~90d	部分地区应冬季保温,一般可不考虑夏季防热

(2)关于风向频率玫瑰图

风向频率是指该地区各个方位上风的次数与所有方位风的总次数之比(%)。风向频率按一定比例画在方位坐标上就形成了风向频率玫瑰图,如图3-30所示。玫瑰图中,实线一般表示全年风向频率,虚线一般表示夏季(或最热的三个月)风向频率。风向玫瑰图可以表示地形图的方位和该地区各方位刮风次数的分布情况,并确定出主导风向。例如,长沙市全年主导

风向为西北风,夏季主导风向为南风。风向资料可以向当地气象部门收集。

一个地方的主导风向是往往对房屋朝向和间距有着很大影响,而风速是高层建筑、电视塔等设计中考虑结构布置和建筑体形的重要因素。因为建筑物相互位置之间的疏密远近,对自然风通过时的风向、风速,还会产生局部的影响。例如双面临街的高层建筑,会加快中间风的流速,在寒冷的冬季可能令行人感到不快。

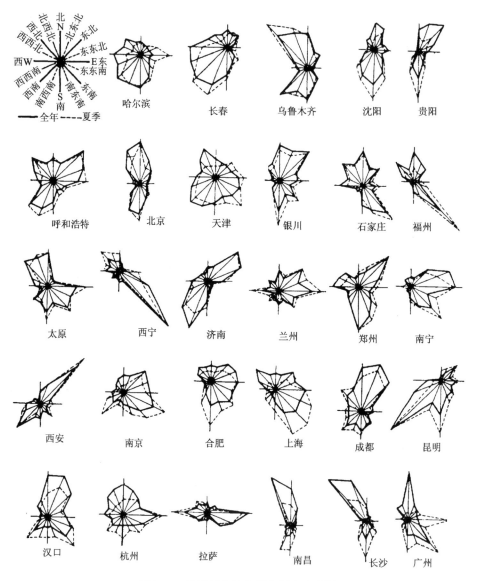

图 3-30　我国部分城市风向频率玫瑰图

(3)关于日照

日照对于建筑的采光和人在建筑空间中的健康、心理是不可或缺的。为此,日照常和主导风向一起成为确定房屋朝向和间距的主要因素。通常以当地大寒或冬至正午十二时太阳的高度角作为建筑物日照间距的依据(图 3-31)。

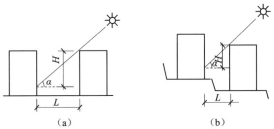

图 3-31　建筑物的日照间距示意

(a)平地;(b)向阳坡

日照间距的计算公式为:

$$L = \frac{H}{\tan \alpha}$$

式中　L——房屋水平间距;

　　　　H——南向前排房屋檐口至后排房屋底层窗台的垂直高度;

　　　　α——当房屋正南向时冬至日正午的太阳高度角。

我国大部分地区日照间距约为$(1.0 \sim 1.7)H$。越往南日照间距越小,越往北则日照间距越大,这是因为太阳高度角在南方要大于北方的原因。

对于大多数的民用建筑,日照是确定房屋间距的主要依据,因为在一般情况下,只要满足了日照间距,其他要求也就能满足。但有的建筑由于所处的周围环境不同,以及使用功能要求不同,房屋间距也不同,如教学楼为了保证教室的采光和防止声音、视线的干扰,间距要求应大于或等于$2.5H$,而最小间距不小于12m。又如医院建筑,考虑卫生要求,间距应大于$2.0H$,对于$1 \sim 2$层病房,间距不小于25m;$3 \sim 4$层病房,间距不小于30m;对于传染病房与非传染病房的间距,应不小于40m。为节省用地,实际设计采用的建筑物间距可能会略小于理论计算的日照间距。

当建筑物处于不同的方位时,前排建筑物对后排建筑物的遮挡情况是不一样的。在设计的过程中,我们应该根据建筑物的本身特点,做出对房屋间距与前排建筑物高度的比值考虑,使建筑物能够满足日照标准的要求。我国相关日照标准中规定:每套居民住宅必须有一间居室获得日照,日照时间为分别在大寒日2h 或冬至1h 连续满窗日照。

针对不同功能要求的房屋,不同用途的房间有不同的使用要求,有的房间必须争取较多的日照条件,有的则应尽量避免阳光的直接照射。如居室、幼儿园的活动室、医疗建筑的病房等,为使光线柔和均匀,促进人的健康,应当力争有良好的日照条件;而博物馆的陈列室、绘画室、化学实验室、书库、精密仪器室等,出于对物品的保护考虑,为让物品免受损害、变质,应尽量避免阳光的直接照射。为此,在建筑空间的组织中,对于居室、幼儿园的活动室、医疗建筑的病房等房间争取朝南比较好,而对于博物馆的陈列室、绘画室、化学实验室、书库、精密仪器室等房间则最好朝北。

(4)关于雨雪

雨雪量的多少对选用屋顶形式和构造有一定的影响,而屋顶形式则是对建筑造型和建筑内部空间来说,都是必须考虑的要素。在雨雪量比较大的地区,从有利于排水角度考虑,房屋坡度往往比较大。

建筑设计应根据建筑自身的要求和不同的气候条件,解决好保温、隔热、通风、防风沙、防震、日照、遮阳、排水、防水、防潮和防冻等问题。例如,湿热地区,房屋设计要很好地考虑隔热、通风和遮阳等问题；干冷地区，通常又希望把房屋的体形尽可能设计得紧凑一些，以减少外围护面的散热，有利于室内采暖、保温；建筑物的室内最好能通过合理的开窗位置和方式组织穿堂风和自通风等。

2. 地形、地质、水文条件和地震烈度

地形是指建设地段地势起伏的状况。

地质包括地基土的种类和承载能力。

水文包括地面水（河、湖、山洪等）和地下水的基本情况。

基地地形的平缓或起伏，基地的地质构成、土壤特性和地耐力的大小对建筑物的空间组合、结构布置和建筑体形都有明显的影响。例如，坡度较缓时，常将房屋结合地形顺等高线布置；而坡度较陡的地形，常使房屋结合地形错层建造（图 3-32 和图 3-33）。对于复杂的地质条件，要求房屋的构成和基础的设置采取相应的结构构造措施。

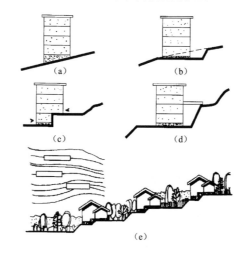

图 3-32 建筑物平行等高线布置示意

(a)前后勒脚调整到同一标高；(b)筑台；(c)横向错层；(d)人口分层设置；(e)平行于等高线布置示意

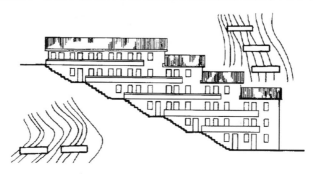

图 3-33 建筑物沿高线错层布置示意

在建筑设计中，因地制宜，合理利用地形更是与自然相和谐的体现，如有名的流水别墅，被称为"生长中的建筑"。

地震烈度表示地面及房屋建筑遭受地震破坏的程度。

地震烈度分为基本烈度和设计烈度。基本烈度是指某一地区在今后的一定时期（100 年）

内,在一般情况下可能遭受的最大烈度。设计烈度是根据城市及建筑物的重要程度,在基本烈度的基础上调整后规定的设防标准。

我国建筑抗震设计的基本思想是:"小震不坏,中震可修,大震不倒"。在烈度5度及以下的地区,地震对建筑物的损坏影响较小,可以不设防;9度以上的地区,由于地震过于强烈,从经济因素及耗用材料考虑,除特殊情况外,一般不适宜建造房屋,应尽可能地避免在这些地区建设。房屋抗震设防的重点是指6、7、8、9度地震烈度的地区。建筑设计应根据地形、地质、水文条件和地震烈度趋利避害,采取必要的防范措施。

3. 建筑周围环境

环境条件包括建设基地的方位、形状、面积,基地周围的绿化与自然风景,基地原有的建筑状况和管网设施,以及城市规划对该地段的要求等。

建筑设计要与环境条件相适应,通过设计,进一步改善环境质量。在建筑设计中,如果将建筑的这些环境条件运用得当,将会为我们的建筑增添不少魅力。在这方面,我们可以从许多优秀的建筑设计作品中得到启示。比如对建筑周围的自然风景可以采用对景开窗、借景入室、和周围自然相融合等手法使我们的建筑更加生机(图3-34);而对出于对基地上的老树保护,我们可以采用庭院式的组合方式,将建筑各部分空间组织起来,让我们的建筑更会增添一份自然的情趣。

从人与自然和谐共存的角度来看,我们所建造的供生产、生活的建筑人工环境一定要纳入自然生态环境的良性循环系统。因地制宜地设计好我们的建筑,既要让建筑与人相和谐,又要让我们的建筑与自然相和谐。关注生态,探索"建筑·环境·人"之间的和谐关系,既是我国建筑可持续发展的政策要求,更是每一位建筑师努力的方向。

图 3-34　南洋理工大学建筑与环境相融举例

3.4　建筑空间与建筑的平、立、剖设计

1. 关于建筑设计工作

由于建筑涉及功能、技术和艺术,同时又具有工程复杂、工种多、材料和劳力消耗量大、工期长等特点,在建设过程中需要多方面协调配合。因此,建筑物在建造之前,按照建设任务的要求,对在施工过程中和建成后的使用过程中可能发生的矛盾和问题,事先做好通盘的考虑,拟定出切实可行的实施方案,并用图纸和文件将它表达出来,作为施工的依据,是一项十分重要的工作。这一工作过程,通常称为"建筑工程设计"。

目前,我国的建筑工程设计工作,通常由建筑设计、结构设计、设备设计三部分组成。这三个部分解决的问题和对应的专业如表3-3所示。

表 3-3　建筑工程设计工作内容

设计组成	主要解决问题	对应专业
建筑设计	包括建筑空间环境的造型设计和构造设计。主要解决建筑的功能、艺术、构造(隔热、防寒、防水等)、道路、环境绿化等问题	建筑学专业(本科) 建筑设计专业(专科)

设计组成	主要解决问题	对应专业
结构设计	包括结构选型、结构计算、结构布置与构件设计等,它是保证建筑坚固、安全的受力骨架的设计	建筑工程专业
设备设计	包括给水、排水、供热、通风、电气、燃气、通讯、动力等项设计,它是改善建筑物理环境的重要设计	给排水专业 暖通专业 建筑电气专业

一个建筑的设计工作是需要许多专业的相互配合才能完成的。在设计工作中,由于建筑设计要全面考虑环境、功能、技术、艺术方面的问题,可以说是建筑工程的战略决策,是其他工种设计的基础。同时,由于建筑设计是建筑功能、工程技术和建筑艺术的综合设计,因此在设计中必须综合考虑建筑、结构、设备等工种的要求,以及这些工程的相互联系和制约。

建筑设计程序:设计前的准备→初步设计→技术设计→施工图设计。

(1)初步设计

根据甲方要求,通过调研,收集资料,综合构思,进行初步设计,做出方案图并报批。

(2)技术设计

根据审批后的方案图,进一步解决构件造型,布置及各工种之间的配合等技术问题,修改方案,绘制技术设计图。

(3)施工图设计

根据施工要求,画出一套完整的反映建筑物整体及各细部构造和结构的图样,以及编写出有关的技术资料。

建筑设计依据是:人体工程学与行为建筑学;自然环境条件;相关政策法规、技术要求等。其中,人体工程学与行为建筑学、自然环境条件已经在 3.1～3.3 中论述;相关政策法规、技术要求等举例如下:

① 民用建筑设计通则;

② 建筑设计防火规范;

③ 方便残疾人使用的城市道路和建筑物设计规范;

④ 建筑地面设计规范;

⑤ 民用建筑隔声设计规范;

⑥ 中小学校建筑设计规范;

⑦ 商业建筑设计规范;

⑧ 建筑内部装修设计防火规范;

⑨ 中华人民共和国建筑法;

⑩ 中华人民共和国消防法;

⑪ 建筑工程勘察和设计单位资质管理规定。

2. 建筑设计的具体内容

(1)建筑空间环境的造型设计

① 建筑总平面设计。主要是根据建筑物的性质和规模,结合基地条件和环境特点,以及城市规划的要求,来确定建筑物或建筑群的位置和布局,规划用地内的绿化、道路和出入口,以及布置其他设施,使建筑总体满足使用要求和艺术要求。

② 建筑平面设计。主要根据建筑的空间组成及使用要求,结合自然条件、经济条件和技术条件,来确定各个房间的大小和形状,确定房间与房间之间、室内与室外空间之间的分隔联系方式,进行平面布局,使建筑的平面组合满足实用、安全、经济、美观和结构合理的要求。

③ 建筑剖面设计。主要根据功能和使用要求,结合建筑结构和构造特点,来确定房间各部分高度和空间比例,进行垂直方向空间的组合和利用,选择适当的剖面形式,并进行垂直方向的交通和采光、通风等方面的设计。

④ 建筑立面设计。主要根据建筑的性质和内容,结合材料、结构和周围环境特点,综合地解决建筑的体形组合、立面构图和装饰处理,以创造良好的建筑形象,满足人们的审美要求。

(2)建筑空间环境的构造设计

构造设计主要研究房屋的构造组成,如墙体、楼地层、楼梯、屋顶、门窗等,并确定这些构造组成所采用的材料和组合方式,以解决建筑的功能、技术、经济和美观等问题。构造设计应绘制很多详图,有时也采用标准构配件设计图或标准制品。

房屋的空间环境造型设计中,总平面以及平面、立面、剖面各部分是一个综合思考过程,而不是相互孤立的设计步骤。其中,建筑的平、立、剖设计是形成建筑的基本图样设计。因此我们主要就形成建筑基本图样的平、立、剖设计进行论述。

3. 民用建筑中常用的技术名词(图 3-35)

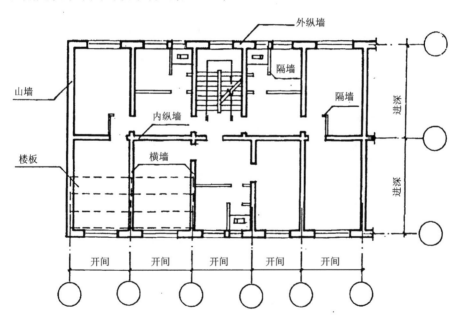

图 3-35　民用建筑中常用的技术名词示意

① 横向:指建筑物的宽度方向。

② 纵向:指建筑物的长度方向。

③ 横向轴线:沿建筑物宽度方向设置的轴线,用以确定墙体、柱、梁、基础的位置,其编号方法采用阿拉伯数字注写在轴线圆内。

④ 纵向轴线:沿建筑物长度方向设置的轴线,用以确定墙体、柱、梁、基础的位置,其编号方法采用拉丁字母注写在轴线圆内,但 I、O、Z 不用。

⑤ 开间:两条横向定位轴线之间的距离。

⑥ 进深:两条纵向定位轴线之间的距离。

⑦ 层高:建筑物的层间高度,即地面至楼面或楼面至楼面的高度。

⑧ 净高:指房间的净空高度,即地面(楼面)至吊顶下皮的高度,它等于层高减去楼地面厚度、楼板厚度和吊顶厚度。

⑨ 建筑总高度:指室外地坪至檐口顶部的总高度。

⑩ 建筑面积:指建筑物长度、宽度外包尺寸的乘积再乘以层数。它由使用面积、交通面积和结构面积组成。

⑪ 使用面积:指主要使用房间和辅助使用房间的净面积(净面积为轴线尺寸减去墙厚所得的净尺寸的乘积)。

⑫ 交通面积:指走道、楼梯间、电梯间等交通联系设施的净面积。

⑬ 结构面积:指墙体、柱所占的面积。

3.4.1 建筑空间与建筑平面设计

无论是由几个房间组成的小型建筑物还是由几十个甚至上百个房间组成的大型建筑物,建筑空间从使用性质来分析,主要可以归纳为使用部分和交通联系两部分。

使用部分是指各类建筑物中的主要使用房间和辅助使用房间。其中,主要使用房间是建筑物的核心空间,是构成各类建筑的基本空间。如住宅中的居室、卧室,教学楼中的教室、办公室,商业建筑中的营业厅,影剧院的观众厅等。由于它们的使用要求不同,也就形成了不同类型的建筑物。与主要使用房间相比,辅助使用房间是为保证建筑物主要使用要求而设置的房间,是属于建筑物的次要部分。如住宅建筑中的厨房、厕所,教学楼中的值班室、卫生间、教学休息室等,还有一些建筑物中的储藏室、各种水、采暖、电气、空调通风、消防等设备用房及其他服务性房间等。

交通联系部分是建筑物中各房间之间、楼层之间和室内与室外之间联系的空间,如各类建筑物中的门厅、走道、楼梯间、电梯间等。

以上几个部分由于使用功能不同,在房间设计与平面布置上均有不同,设计中应根据不同要求区别对待,采用不同的方法。

1. 主要使用房间设计

主要体现在房间的面积、尺寸、形状、门窗大小和位置等的设计。

(1)确定房间面积大小需要考虑的因素

① 房间使用人数。

② 家具设备基本尺度。

③ 人在该空间中进行相关活动所需的面积。

在相同家具设备和活动的状况下,房间使用的人数越多,房间面积越大,这是显而易见的。以中学教室为例,根据规范要求,使用面积 $1.12\ m^2$/生,一间 40 人的教室需要 $45m^2$ 左右,而一间 200 人的教室则需要 $225\ m^2$。

不同的家具设备也会对房间面积和尺寸产生影响,如图 3-36 所示。

针对不同功能要求的房间,则必须同时考虑房间使用人数、家具设备基本尺度、以及人在该空间中进行相关活动所需的面积等才能确定出使用房间的面积大小,如图 3-37 所示。

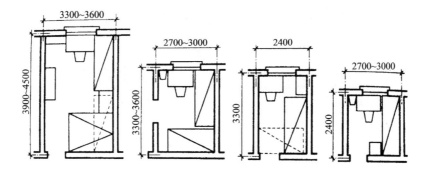

图 3-36　不同家具设备等对房间面积和尺寸的影响

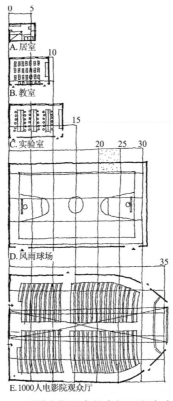

图 3-37　不同功能要求的房间面积大小对比

（2）确定房间形状需要考虑的因素

① 该空间中设备和家具的数量以及布置方式。

② 使用者在该空间中的活动方式。

③ 采光、通风及热工、声学、消防等方面的综合要求。

④ 模数、空间观感、环境等。

以中小学的教室为例，影响其平面形状的首要因素是课堂中所需容纳的学生人数以及课桌椅的排列方式。同样是 50 座的教室，虽采取同样大小的课桌椅和同样的排间距以及通道的宽度，不同的布置方式仍然会形成大不相同的平面形状，如图 3-38 所示。但是如果考虑学生上课时的视听质量，按照学生在上课时座位离黑板的最大距离不大于 8.5m、边座与黑板的夹角不小于30°的视线要求,则又可给出几种相同面积的教室的平面形状的可能性,如图3-39所示。

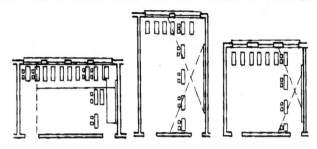

图 3-38　50座矩形平面教室的布置

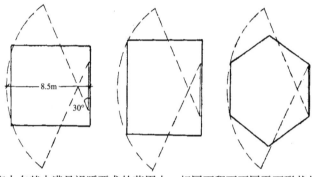

图 3-39　教室中在基本满足视听要求的范围内。相同面积下不同平面形状的几种可能性

(3)确定房间门窗的宽度、开启、位置等需要考虑的因素

① 满足采光通风要求,有利于穿堂风的组织。

② 家具设备的有利布置。

③ 室内交通路线简捷和安全疏散。

④ 室内面积的充分利用。

● 门的宽度:根据房间人流量设置。图3-40所示为常用的单扇门尺寸。人流量越大门的宽度越大。

● 房间开门数量:规范要求,一般情况下,当房间>50人,使用或面积>60m²时,为安全疏散,至少设置2个门;对于单层建筑,除托儿所、幼儿园外,如使用面积≤200m²,使用人数≤50人,可设一个直接通往室外的安全出口(图3-41);短时间有大量人流集散的房间,如观众厅、体育场,安全出入口不少于2个,且每个安全出入口的平均疏散人数不应超过250人;容纳人数超过2 000人时,其超过部分按每安全出入口的平均疏散人数不超过400人计。另外,有连场演出要求的观众厅,进场入口不得作安全出入口考虑。

例如,观众厅人数为2 600人时,所需安全出入口计算如下:

$$2\ 000\ 人 \div 250\ 人 + 600\ 人 \div 400\ 人 = 8 + 1.5 = 9.5\ 个$$

所以应设10个安全出入口。

我们对比一下宿舍、教室、体育馆、电影院,就可以理解。

● 门的开启方式:主要根据房间内部的使用特点而设置。如图3-42(a)所示由于医院病人人流的需要而设置向内平开;图3-42(b)则根据商场人流出入都比较大的特点则为双扇弹簧门。

尤其当相邻墙面都有门时,应注意门的开启方向,防止门开启时发生碰撞或影响人流通行,如图 3-43 所示。对走道两侧的房间门一般内开,以免妨碍走道交通。如图 3-44 所示。但人流大,疏散安全要求高的房间门应向外开启。采用推拉门的,推拉时应不影响其他物品的设置。采用双向弹簧门的,应在视线高度范围内的门扇上装玻璃,以免出入相撞。

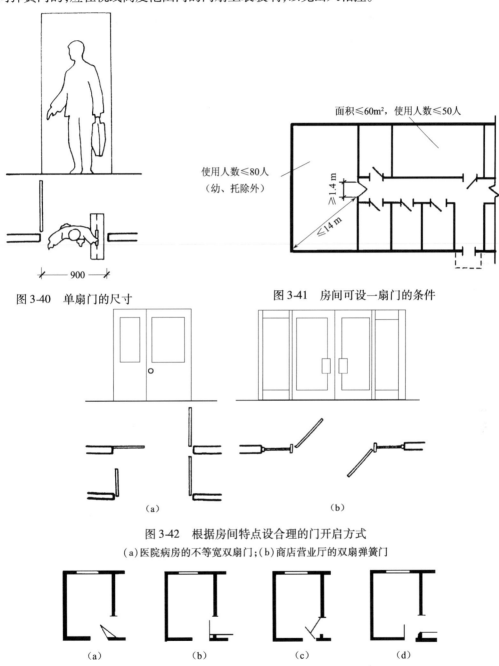

图 3-40　单扇门的尺寸

图 3-41　房间可设一扇门的条件

图 3-42　根据房间特点设合理的门开启方式

(a)医院病房的不等宽双扇门;(b)商店营业厅的双扇弹簧门

图 3-43　相邻门的开启方向

(a)、(b)、(c)三个方案,门开启时都会发生碰撞,交通也不顺畅,所以只有在进出第二扇门的人很少时才采用;(d)方案较好,但第一扇门宜与家具布置配合,避免门开启贴墙,占用空间过大。

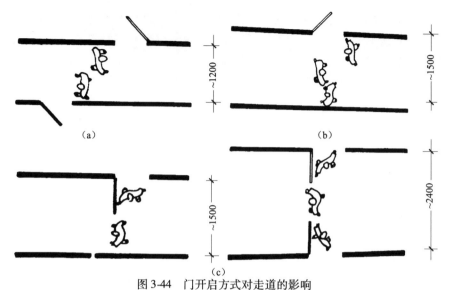

图 3-44　门开启方式对走道的影响

（a）两人相对通过；（b）三人通过；（c）门扇开向过道对宽度的影响

• 门的位置：面积大、人流量大的房间如观众厅，门应均匀布置，满足安全疏散的要求，如图 3-45 所示。对于面积小、人流量小的房间，应使门的布置有利于家具的布局和提高房间的面积利用率，如图 3-46 ~ 图 3-48 所示。大家对比一下，就不难发现，（b）图中的门比（a）图中的门位置更有利。

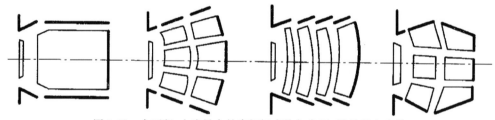

图 3-45　大面积、人流量大的房间门应均匀布置，满足安全疏散

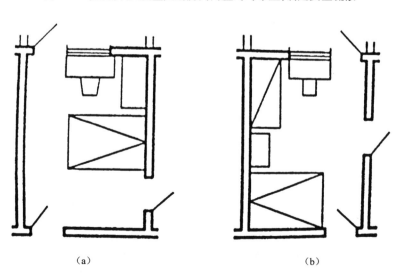

（a）　　　　　　　　　　　　（b）

图 3-46　门的位置对家具摆放以及室内交通路线的组织影响

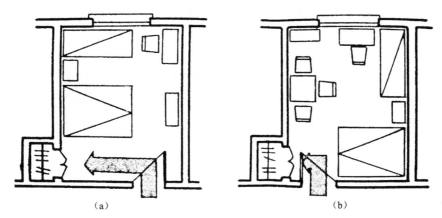

图 3-47　卧室房间门的位置对家具摆放以及室内交通路线的组织影响

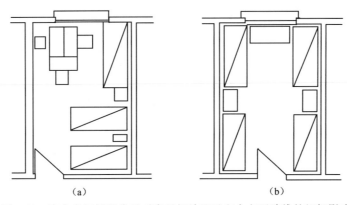

图 3-48　宿舍房间门的位置对家具摆放以及室内交通路线的组织影响

- 窗的宽度和位置:主要是满足采光通风要求,有利于穿堂风的组织,如图 3-49 所示。

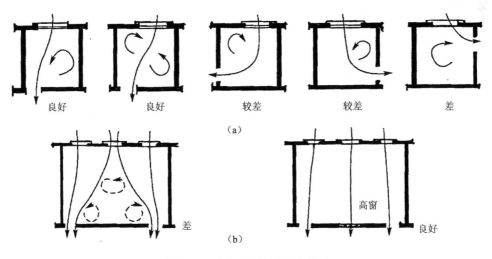

图 3-49　窗的位置对通风的影响

(a)表明对流通风效果最好,交角通风次之,处理不好则较差;

(b)表明在教室靠走道墙上设高窗的必要性

根据功能需要,一个空间要满足基本的人体尺度和达到一种理想的舒适程度,其面积和空间容量应当有一个比较适当的上限和下限,在设计中一般不要超过这个限度。

2. 辅助房间设计

一般来说,只要满足必要的设备和少量活动空间尺度即可。辅助房间的位置需要根据其辅助作用,选定其合理位置。例如,卫生间、厕所、盥洗室的空间需要人数对象、器具尺度等确定其空间大小,而位置则需要适当隐蔽但又方便联系,还要考虑采光通风,如图3-50所示。厨房的空间大小、形状除了考虑设备尺度外,操作的秩序性更需要考虑;其位置一般位于北向,如图3-51所示。

由于辅助房间的管道线路比较多,从使用和节能经济考虑,在平面设计中,要注意尽量将管道线路比较多的辅助房间布置在相邻或上下相对的位置。

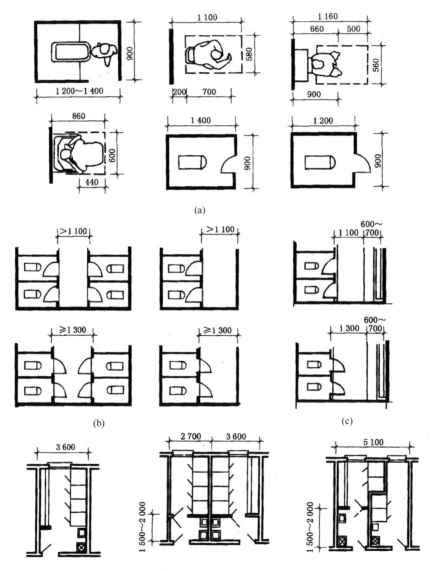

图3-50　常见的厕所基本尺寸和布置(mm)

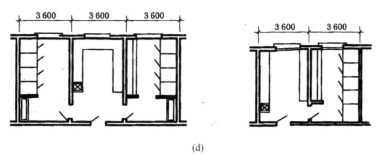

(d)

图 3-50 常见的厕所基本尺寸和布置(mm)(续)

(a)使用单个设备时的基本尺寸要求;(b)厕所隔间之间或与墙面间的净距;

(c)厕所隔间与便槽之间的净距;(d)厕所布置形式

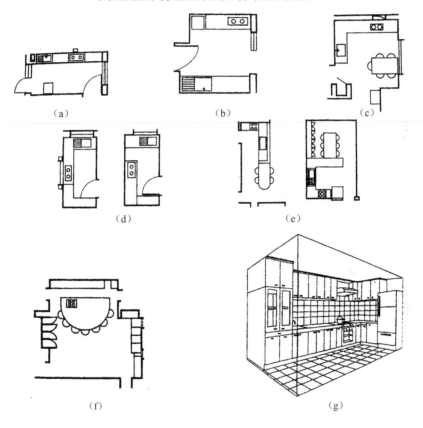

图 3-51 厨房的空间大小、形状需要考虑设备尺度以及操作秩序性

3. 交通联系部分的设计

交通联系部分是各房间之间、楼层之间和室内与室外之间联系的空间,是建筑空间组织的重要联系空间。根据位置不同,可以划分为:

① 水平交通空间:如走道。

② 垂直交通空间:如楼梯、电梯。

③ 交通枢纽空间:如门厅、过道。

• 走道:在很大程度上决定了建筑内部各空间的交通联系组织方式 。在教学楼、办公楼、宿舍、医院等中常见。此时,建筑内部各使用空间往往分列于走道的一侧、双侧或尽端,如图3-52所示。

191

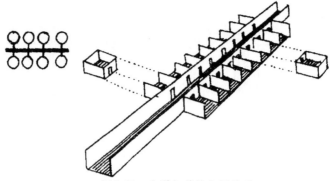

图 3-52 走道与其他空间关系

　　走道的宽度,通常单股人流的通行宽度为 550~600mm。因此考虑两人并列行走或迎面交叉,较少人流使用的过道净宽度,包括消防楼梯的最小净宽度都不得小于 1100mm。对于有大量人流通过的走道,其宽度根据使用情况,相关规范都作出了下限的要求(图 3-53)。例如民用建筑中中小学的设计规范中规定,当走道为内廊,也就是两侧均有使用房间的情况下,其净宽度不得小于 2100mm;而当走道为外廊,也就是单侧连接使用房间,并为开敞式明廊时,其净宽度不得小于 1800mm。而医院的走道考虑等候人群的需要,则为 2100 mm 或 2700 mm,如图 3-54 所示。

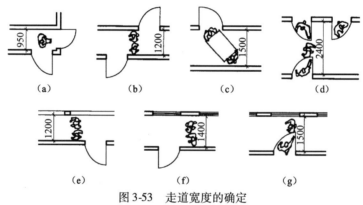

图 3-53 走道宽度的确定

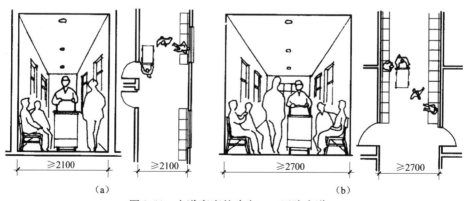

图 3-54 走道宽度的确定——医院走道

●楼梯和电梯:根据需要,有专门的楼梯间和电梯间。其空间大小视人流量;数量则需要满足消防、疏散要求;位置往往在门厅、过厅附近。

●门厅:是在建筑物的主要出入口处起内外过渡、集散人流作用的交通枢纽,如图3-55所示。

●过厅:一般位于体形较复杂的建筑物各分段的连接处或建筑物内部某些人流或物流的集中交汇处,起到缓冲的作用,如图3-56所示。

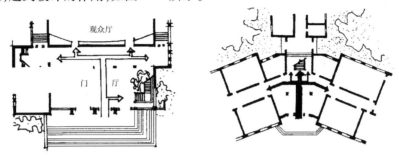

图3-55 门厅的缓冲和分流作用

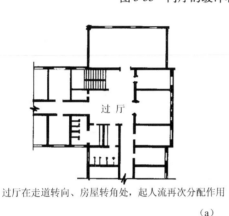

过厅在走道转向、房屋转角处,起人流再次分配作用

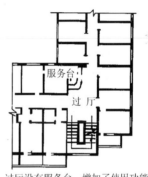

过厅设有服务台,增加了使用功能

(a)

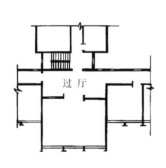

这种过厅有利于疏散大空间中的人流,避免在走道上造成拥挤阻滞

(b)

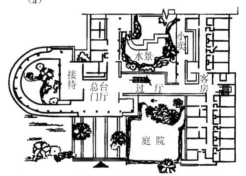

这个过厅将门厅与客房部分联系起来,并兼有楼梯间、休息廊的作用。过厅与庭院结合得也比较好

(c)

图3-56 不同位置的过厅缓冲和分流

(a)位于人流交汇处的过厅;(b)位于大空间与走道联系处的过厅;
(c)位于两个使用空间之间的过厅

对于门厅和过厅,由于其交通枢纽作用,在设计中必须体现明确的导向性和便捷性。即使用者在门厅或过厅中应能很容易发现其所希望到达的通道、出入口或楼梯、电梯等部位,而且

193

能够很容易选择和判断通往这些处所的路线,在行进中又较少受到干扰。

总的来说,建筑物交通联系部分的设计应满足以下方面:

① 流线简捷明确、通行方便。

② 足够宽度和面积,满足不同时段人流、货流所需尺度,便于疏散。

③ 一定的采光通风。

4. 关于建筑平面组合

建筑平面组合设计的任务,即将建筑的使用房间与交通联系部分通过合理的方式组合起来,使之成为一个使用方便、结构合理、体型简洁、造价经济及与环境协调的建筑物。

平面组合方式有以下方式:

① 走廊式:分内廊、外廊、连廊三种,适用于教学楼、办公楼、宿舍楼等。房间数量多,每个房间面积不大,相互间需要隔离,又有必要联系,如图 3-57 所示。

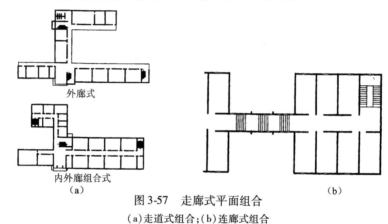

图 3-57　走廊式平面组合

(a)走道式组合;(b)连廊式组合

② 套间式:即先穿过一个空间才能进入另一空间,适用于展览馆、艺术馆、商场等,如图 3-58 所示。

③ 单元式:即将关系密切的空间先组成一个单元,再将这些单元组合成为一个建筑。适用于住宅、公寓、学校、医院等,如图 3-59 所示。

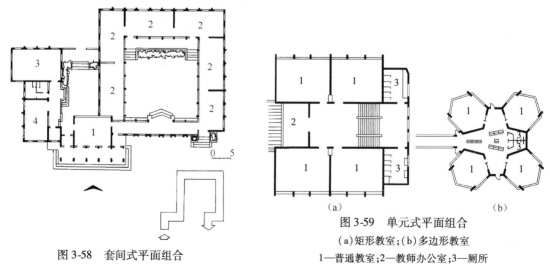

图 3-58　套间式平面组合

图 3-59　单元式平面组合

(a)矩形教室;(b)多边形教室

1—普通教室;2—教师办公室;3—厕所

④ 大厅式:即以某大空间为中心,其他使用空间围绕这个大空间进行布置,适用于商场、超市、银行、影剧院等,如图 3-60 所示。

⑤ 庭院式:即以庭院为中心,围绕庭院布置各房间。适用于风景园林建筑、会馆、文化馆等,如图 3-61 所示。

⑥ 混合式:即根据需要,采用两种以上的组合方式布置各房间。不同组合方式之间常用连廊、门厅、过厅、楼梯等作为过渡,适用于图书馆等平面比较复杂的建筑。

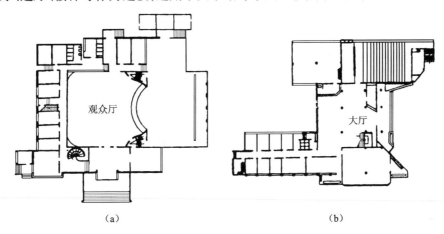

（a）　　　　　　　　　　　　　　　　（b）

图 3-60　大厅式平面组合

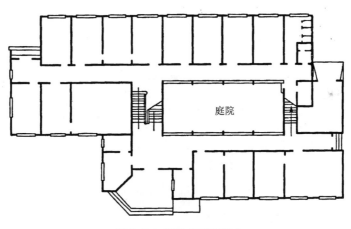

图 3-61　庭院式平面组合

平面组合的优劣主要体现在:合理的功能分区和明确的流线组织两个方面。为此,我们必须针对不同的建筑,根据不同的空间关系和具体要求,抓住主要矛盾,合理安排各部空间,使分区明确、联系紧密方。

空间关系主要表现在以下几个方面:

① 空间的"主"与"次";

② 空间的"动"与"静";

③ 空间的"内"与"外";

④ 空间的"洁"与"污"。

⑤ 空间的"先"与"后"。

如图 3-62 所示,某商场平面就是充分考虑了营业厅主要对外,而仓库、办公等主要对内的空间关系,且考虑了人流、货流的需求。

如图 3-63 所示,某餐厅的平面也是充分考虑空间的"内"与"外"而妥善安排内部备餐空间和就餐空间的。

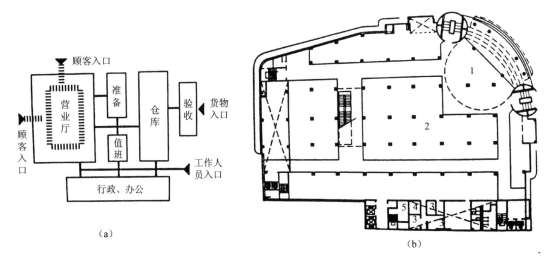

图 3-62　考虑空间"内"与"外"以及人流、货流的某商场

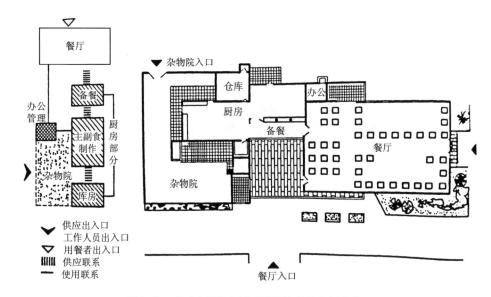

图 3-63　考虑空间"内"与"外"的餐饮空间安排

对于教学楼来说,就要充分考虑空间的"动"与"静",将普通教室与音乐教室之间进行适当的距离分隔,如图 3-64 所示;同时,还要考虑体育场地与教学楼之间的距离分隔。

对于展览馆来说,就要充分考虑空间的"先"与"后",将各参观空间有机组合起来等,如图 3-65 所示。

　　建筑平面组合,实际上是建筑空间在水平方向的组合,这一组合必然导致建筑物内外空间和建筑形体在水平方向予以确定,因此在进行平面组合设计时,可以及时勾画建筑物形体的立体草图,考虑这一建筑物在三度空间中可能出现的空间组合及其形象。即从平面设计入手,但是着眼于建筑空间的组合。

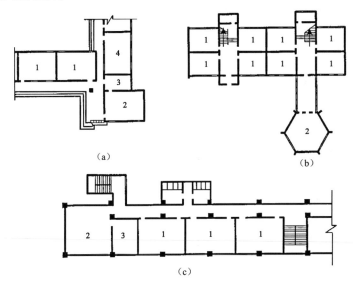

图 3-64　考虑空间"动"与"静"的教学楼空间安排

(a)音乐教室毗连在一侧;(b)音乐教室与走廊连接;(c)音乐教室在教学楼一端

1—普通教室;2—音乐教室;3—准备室;4—专用教室

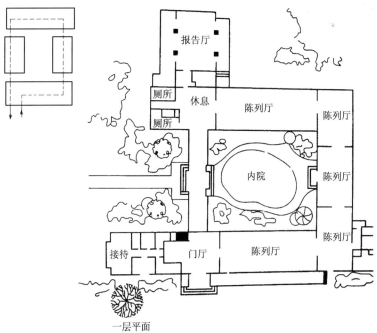

图 3-65　考虑空间 "先" 与 "后" 的展览陈列空间安排

3.4.2 建筑空间与建筑立面设计

建筑立面通常指建筑形体直立的外表面。建筑立面由许多构部件(屋顶、墙身、勒脚、柱、门窗、雨篷、檐口、阳台、线脚、装饰图案等)组成。立面设计的任务就是妥善地安排这些构部件,确定它们的形状、比例、尺度、色彩和材料质感,使建筑的造型艺术构思得到完美的体现。而建筑的外部造型与建筑空间内部的组织有很大的关系。即"内容决定形式",建筑要有与功能相适应的空间形式,如图 3-66 所示,采光窄长条的窗洞往往是图书馆书库的识别标志,这是由内部书架的排列及光照需要形成的。

图 3-66　图书馆内部书架的排列及光照需要决定了图书馆外部窄长条的窗洞形式

除此之外,建筑立面设计还应满足以下要求:

① 符合基地环境和总体规划要求。

② 符合建筑功能需要和类型特征。

③ 合理运用视觉和构图规律。

④ 符合结构特点和技术可能性。

1. 建筑立面构部件对建筑立面的影响

(1)屋顶与檐部

古代建筑屋顶常为坡顶,屋顶在立面上占有很大比例。现代建筑屋顶大多为平顶,立面的上部变为与墙面分别不大的檐墙,或者经过简化处理的檐口。即使采用坡顶,也大为简洁。在长期的创作实践中,出现了很多风格的屋顶形式,甚至成为建筑造型的重要手段,如图 3-67 所示。

图 3-67　屋顶形式对建筑造型的影响举例

（2）墙面外边界

砖石墙体为了使结构简化,墙面既有边界一般都以实墙面为收束,或者稍作变化。有的建筑围以柱廊,以增加空间层次,使边界变得丰富。现代以骨架为受力体系的建筑,墙体不再是受力构件,边界处理变得灵活,例如在边界挖孔、设转角窗等,显示出建筑从笨重结构体系中解放出来的新姿态,如图3-68所示。

图3-68　墙面外边界的处理形式

（3）门、窗与孔洞

立面上的"虚"面除了指空廊、凹廊、光滑的幕墙外,最主要的是指门、窗与孔洞。它们与立面实体部分的"实"形成对比。"虚"多"实"少,建筑显得轻盈;"实"多"虚"少,建筑显得厚重。门、窗与孔洞在立面上布置不同,立面效果也不一样。均匀布置显得平静、安定;不均匀但仍有一定规律的布置显得活泼。门、窗的比例、尺度和式样,是体现建筑性格与风格的重要内容(图3-69)。

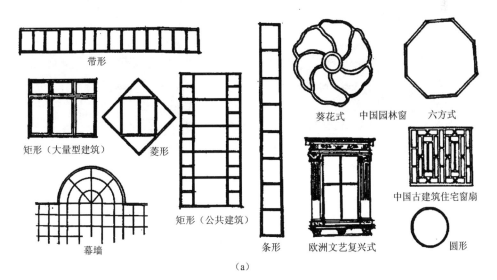

（a）

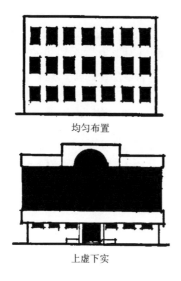

均匀布置

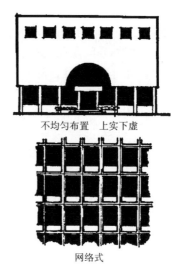

不均匀布置　上实下虚

上虚下实

网络式

(b)

图 3-69　门、窗与孔洞形式及对建筑的立面影响

(a)窗的形式;(b)窗在立面上的布置

(4)墙面凹凸

凹凸使立面产生变化,避免呆板。在阳光照射下,凹凸处会产生阴影,它也可以作为造型的一种手段。凹凸要尽量利用阳台、遮阳板、凹廊、楼梯间等部件,使艺术处理与室内空间组织结合得更紧密。如图 3-70 所示,美国托兰住宅,这是后现代建筑大师格雷夫斯的作品,平面布局灵活,上下、内外空间交错,形成很多凹凸。框架伸缩其间,虚实对比强烈。而图 3-71,则利用阳台的弧线形成凹凸变化感。

图 3-70　美国托兰住宅的墙面凹凸变化

图 3-71　利用阳台弧线形成
墙面的凹凸变化

(5)墙面线条

柱、遮阳板、雨篷、带形窗、凹凸产生的线脚、不同色彩或不同材料对墙面的划分、刚性饰面上醒目的分格缝,都可以当做立面上的线条。不同粗细、长短、曲直的线条以及它们不同的配置,会使立面产生不同的艺术效果。同样大小和形状的立面,强调水平线条,使人感到舒展、亲切,并显得低一些;强调垂直线条,使人感到雄伟、庄严,并显得高一些。弯曲或发生粗细、长短变化的线条则会使立面生动(图 3-72)。

（6）建筑入口

入口的形式一般分为平式、凸式、凹式三种（图 3-73）。平式入口使墙面具有连续性,但入口不明显。凸式入口增加了雨篷或门廊,使入口显得突出。凹式入口能同时提供遮挡,并将一部分室外空间引入到建筑物内部。

建筑的主入口常常是重点处理的部位,可以通过各种对比的方法使其突出,或者采用空间引导的方法强调它的作用,如图 3-74 所示。

图 3-72　墙面线条对建筑立面的影响

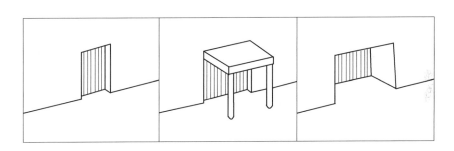

图 3-73　建筑入口的形式

用虚实对比强调入口　　　　　　　　　　用门廊强调入口
（美国国家美术馆东馆）　　　　　　　　（南京五台山体育馆）

图 3-74　建筑入口往往是建筑的重点处理部位

2. 色彩与质感对建筑立面的影响

建筑的形体、色彩、质感是构成建筑形象感染力的三要素。如何正确运用色彩与质感，是立面设计的重要课题。

建筑色彩处理包括色调选择和色彩构图两方面的内容。

色调就是立面颜色的基调。色调选择主要考虑以下五个问题：

① 该地区的气候条件：南方炎热地区宜用高明度的暖色、中性色或冷色，北方寒冷地区宜用中等明度的中性色或暖色。

② 与周围环境的关系：首先要确定本建筑在周围环境中的地位。如果是该环境中艺术处理的重点，对比可以强一些；如果只是环境中的陪衬，色彩宜与环境融合协调。

③ 建筑的性格和体量：给人安宁、平静感觉的建筑宜用中性色或低明度的冷色；给人热烈欢快感觉的建筑宜用明度高的暖色或中性色。体量大的宜用明度高、彩度低的色彩，体量小的彩度可以稍高。

④ 民族传统与地方风格：各民族对色彩有不同偏爱，地方的风俗习惯也会影响色彩的选择。

⑤ 表面材料的性能：充分利用表面材料的本色既可节省投资，也显得自然。当使用饰面材料时，应研究它的施工方法、耐久程度和经济效果。

色彩构图是指立面上色彩的配置，包括墙画、屋面、门窗、阳台、雨篷、雨水管、装饰线条等的色彩选择。一般以大面积墙面的色彩为基调色，其次是屋面；而出入口、门窗、遮阳设施、阳台、装饰及少量墙面等可作为重点处理，对比可稍大些。在色彩构图时，应利用色彩的物理性能（温度感、距离感、重量感、诱目性），以及对生理、心理的影响（疲劳感、感情效果、联想性等），提高艺术表现力。此外，照明条件、色彩的对比现象、混色效果等也应予以重视。

一般来说，对比强的构图使人兴奋，过分则刺激；对比弱的构图感觉淡雅，过分则单调；大面积的彩度不宜过高，过高刺激感过强；建筑物色相采用不宜过多，过多会使色彩紊乱。

在立面设计中，材料的选用、质感的处理也很重要。各种不同的材料有不同的质感。加工方法不同质感也不同。粗糙的混凝土和毛石显得厚重坚实，平整光滑的金属和玻璃显得轻巧细腻，粉刷及面砖按表面处理和施工方法不同而有差异。巧妙地运用质感特性，进行有机组合，有利于加强和丰富建筑的表现力（图3-75）。

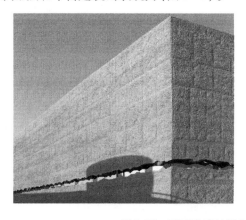

图3-75 不同质感材料在建筑中的运用

3. 建筑形象与建筑立面

人观赏建筑，实际上是透视效果，因此各个立面应相互协调，成为一个有机的整体。即建筑立面设计是形体设计的深化,所以应在建筑的性格和风格上保持一致,并符合形式美的基本规律,综合考虑建筑形象的需要,如图 3-76 ~ 图 3-79 所示。

形式美的基本规律包括统一与变化、对比与微差、均衡与稳定、比例与尺度、节奏与韵律等。

针对不同的建筑功能,建筑体形常采用不同的组合方式以达到强化建筑形象的作用。建筑体形组合方式有:

(1)对称式组合

建筑有明显的中轴线,主体部分位于中轴线上,主要用于需要庄重、肃穆感觉的建筑,例如政府机关、法院、博物馆、纪念堂等。

(2)水平方向的拉伸、错位、转折等手法

在水平方向通过拉伸、错位、转折等手法,形成不对称的建筑形体。在不同体量或形状的体块之间可以互相咬合或用连接体连接;需要讲究形状、体量的对比或重复以及连接处的处理;同时应该注意形成视觉中心。这种布局方式容易适应不同的基地地形,还可以适应多方位的视角

(3)垂直方向切割、加减等

在垂直方向通过切割、加减等方法来使建筑物获得类似"雕塑"的效果,需要按层分段进行平面的调整。常用于高层和超高层的建筑以及一些需要在地面以上利用室外空间或者需要采顶光的建筑。

(4)母题统一或重复等

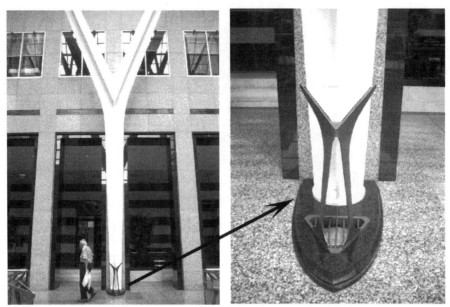

图 3-76　形式美在建筑中的运用（续）

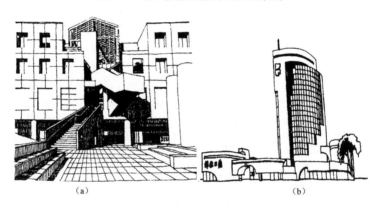

（a）　　　　　　　　　　　　（b）

图 3-77　考虑不同形象需要对建筑立面的不同处理
（a）某法学院立面；（b）某报社立面

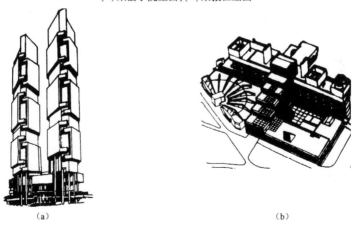

（a）　　　　　　　　　　　　（b）

图 3-78　垂直方向上的加减与水平方向上的拉伸在建筑中的运用
（a）垂直方向上的加减；（b）水平方向上的拉伸和加减

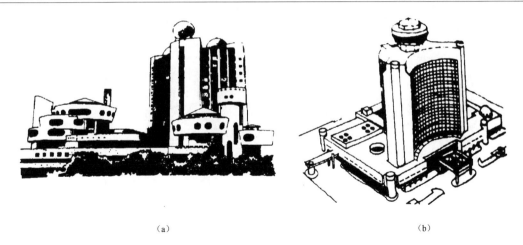

（a）　　　　　　　　　　　　　　　　　　　　（b）

图 3-89　母题的统一或重复在建筑立面造型中的运用的处理

（a）某青少年活动中心用同一个活泼的造型母题形成强烈的个性特征；

（b）某建筑物多次使用圆柱形的母题,起到协调整个群体的作用

3.4.3　建筑空间与建筑剖面设计

建筑剖面是表示建筑物在竖向高度方向房屋各部分的布置关系。主要包括以下两方面：

① 剖面形状；

② 剖面高度。

其中,剖面形状和使用要求紧密相关,而剖面高度与四个方面的因素有关：

① 家具、设备的安置和使用高度。

② 人活动所需要的使用高度；

③ 比例及空间观感满足生理、心理要求；

④ 节能要求。

如图 3-80 ~ 图 3-86 所示。

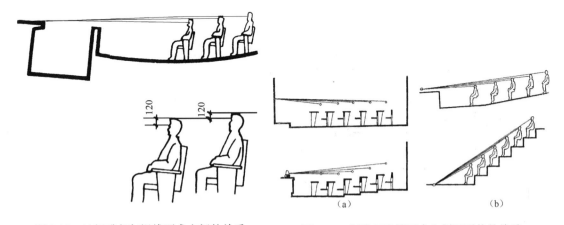

图 3-80　地坪升起与视线要求之间的关系

图 3-81　视线无遮挡要求和剖面形状的关系

（a）阶梯教室内学生视线分析；（b）观演建筑内观众视线分析

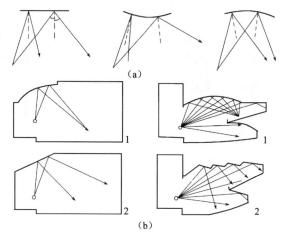

图 3-82　音质要求和剖面形状的关系

(a)声音反射示意;(b)剖面顶栅的声音反射比较

1—声音反射不均匀,有焦聚;2—声音反射较均匀

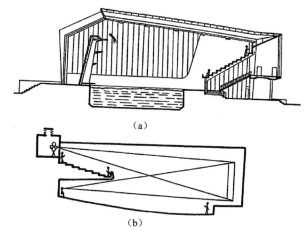

图 3-83　房间使用特点和剖面形状的关系

(a)游泳跳水要求;(b)放映要求

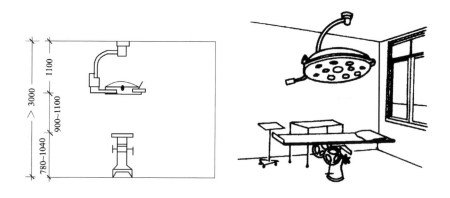

图 3-84　医院手术照明和房间高度关系

206

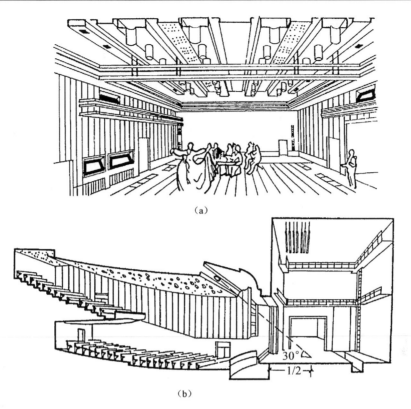

（a）

（b）

图 3-85　演出设备对房间高度及形状的影响

（a）电视演播室；（b）剧院的观众厅及舞台箱

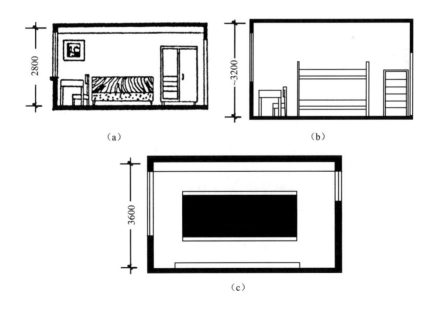

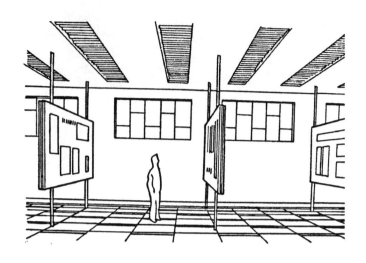

图 3-86 不同房间使用要求对房间高度的影响
(a)住宅的起居室、卧室;(b)宿舍卧室;(c)学校教室

3.5 建筑空间的组合与利用

3.5.1 建筑空间的组合

建筑空间的组合包括平面组合和竖向组合,平面组合已经在平面设计中叙述,不再赘述。

建筑空间竖向组合又称建筑剖面组合设计。建筑空间竖向组合是在平面组合的基础上进行的,其主要任务是根据房屋在剖面上使用特征与建筑造型的需要,重点考虑层高、层数以及在高度方向的安排方式。因此,建筑剖面组合是平面组合在高度方向的具体实施,是对平面设计中两度空间的补充和继续。应该指出,在具体的建筑设计过程中,建筑物的平面组合与剖面组合是同时进行的,因为只有这样,才能保持整个空间构思的完整性。

建筑空间竖向组合组合原则:结构布置合理,有效利用空间,建筑体型美观。

① 一般情况下可以将使用性质近似、高度又相同的部分放在同一层内。

② 空旷的大空间尽量设在建筑顶层,避免放在底层形成"下柔上刚"的结构或是放在中间层造成结构刚度的突变。

③ 利用楼梯等垂直交通枢纽或过厅、连廊等来连接不同层高或不同高度的建筑段落,既可以解决垂直的交通联系,又可以丰富建筑体形。

剖面的组合方式 :

① 将使用功能联系紧密而且高度一样的空间组合在同一层。

② 分段式组合:在同一层中将不同层高的空间分段组合,而且在垂直方向重复这样的组合,相当于在结构的每一个分段可以进行较为简单的叠加,主要用于高层建筑。

根据需要可以进行不同层高的有机组合,如图 3-87 所示。

体育馆由于比赛大厅的高度与辅助房间办公室、休息室等相比相差很大,因此常将大厅周围看台下面组织使用为不同高度房间,如图 3-88 所示。

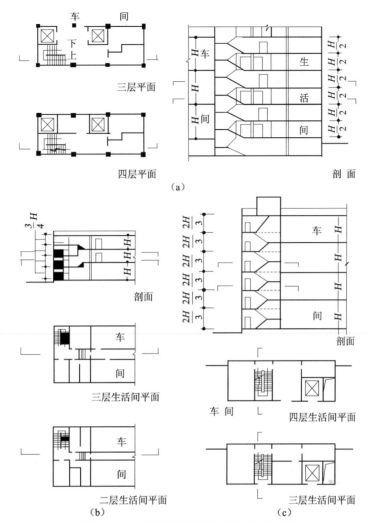

图 3-2-87　不同层高的竖向组合方式举例

(a)生产车间和生活间层数比1:2;(b)生产车间和生活间层数比3:4;
(c)生产车间和生活间层数比2:3

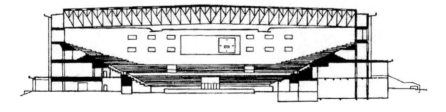

图 3-88　体育馆剖面中不同高度房间的组合

3.5.2　建筑剖面空间的利用

由于储藏空间的设计因户而异,涉及人口规模、生活、习惯嗜好、经济能力等。为增加建筑空间的有效利用,我们常将楼梯间、走廊上空、坡屋顶下部空间、房间内部、门厅或走道上空、结构墙厚空间等充分利用,如图 3-89 ~图 3-92 所示。

图 3-89　楼梯间的空间利用

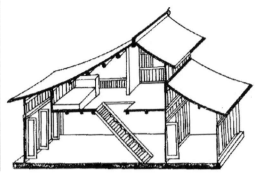

图 3-90　坡屋顶下部空间的利用

图 3-91　房间内部高度空间的利用

图 3-92　利用房间组合边角部分设置壁柜,利用墙
　　　　　体厚度设置壁龛

任务实施

以 4~6 人为一组完成。可借助网上、杂志期刊、图书等搜寻任务 1 某住宅建筑设计方案分析。在任务 1 完成后,集中进行某建筑空间(如体育馆、图书馆、教学楼等)分析,即任务 2 的实施。并作成 PPT 汇报交流。

任务评价

评价等级	评价内容
优秀(90~100)	不需要他人指导,组员之间团结协作,能够正确按照任务描述按时完成任务;PPT 制作条理清晰、图文并茂、画面重点突出;汇报过程语言表达准确、流畅;并能指导他人完成任务
良好(80~89)	需要他人指导,组员之间团结协作,能够正确按照任务描述按时完成任务;PPT 制作条理清晰、图文并茂、画面重点突出;汇报过程语言表达准确、流畅
中等(70~79)	在他人指导下,组员之间团结协作,能够按照任务描述按时完成任务;PPT 制作图文并茂,画面重点突出,汇报过程语言表达流畅
及格(60~69)	在他人指导下,能够按照任务描述按时完成任务;PPT 制作图文并茂,汇报过程语言表达流畅

思考与练习

1. 建筑空间与建筑实体的关系如何?
2. 影响建筑空间形成的因素有哪些?
3. 简述建设程序、设计过程、建筑平、立、剖设计内容。
4. 建筑空间组合方式有哪些?
5. 如何有效利用建筑空间?

项目4　理解建筑与结构

任务　考察周边建筑的建筑结构类型

任务目标

理解结构承重构件在建筑中的位置和作用。

任务要求

① 考察墙体承重结构建筑中承重构件位置、构造做法以及形成的建筑空间特征。
② 骨架结构体系建筑建筑中承重构件位置、构造做法以及形成的建筑空间特征。
③ 空间结构体系建筑中承重构件位置、构造做法以及形成的建筑空间特征。

知识与技能

4.1　建筑与结构关系

结构是指建筑在自然界与人为的各种作用下,能承荷传力,抵抗由于风、雪、地震、温度变化、土壤沉陷等可能对建筑引起的损坏,为建筑开辟空间,起骨架作用,保证使用期间房屋不坍塌的支撑系统。结构是建筑的骨骼,犹如人体的骨骼支撑人体一样对建筑起牢固的支撑作用。建筑的造型、空间等内容,都依赖结构的承托才得以实现。没有结构就没有空间,没有结构就无所谓建筑。

古罗马奥古斯都时代的维特鲁威(Viteuvii)在《建筑十书》第一书中提出:"坚固、适用、美观的原则"。其中,坚固就是对建筑结构所提出的基本要求,在建筑设计中,这是结构工程师必须要解决的问题,而在一定程度上,结构的表现就是建筑的表现。结构作为建筑的骨架,对建筑的造型和形式有着重要的影响。建筑师看重结构形式对于建筑造型的影响,结构师看重结构的可靠性,前者针对的是结构的美学研究,后者针对的是结构的力学研究。

在建筑设计中应妥善处理建筑造型与结构的关系。结构的美首先是一种科学理性的美。"合理的形式就是美的"(巴克明斯特·弗勒)。结构美所遵从的最基本的原则就是力学法则。我们无论对建筑造型做任何处理,其基本的结构规律应当力学规律。同时,结构自身所带有的一种形式美,在满足科学原理的范畴内,可以有多种多样的形式造型,只要力学条件满足,实践允许,就都可以使用。多种结构形式的出现为建筑创作的丰富多样性提供了必要的技术可能。一个室内网球场的结构方案可以有多种形式,如图4-1所示。

举世公认的建筑典范往往也是结构使用的典范。如意大利结构工程师、建筑师奈尔维(NerVi,1891—1979)设计的佛罗伦萨体育场的看台雨篷和螺旋楼梯,是使受弯构件具有曲线美的典型。他设计的另一杰作罗马小体育宫,60 m直径的薄壳底部波浪状荷叶边与36个Y形斜柱,既符合力学结构的内在因素,又给其外观带来极美的艺术造型,如图4-2所示。

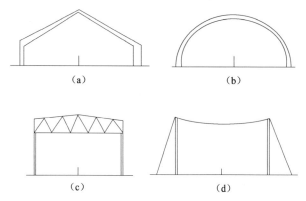

图 4-1　一个室内网球场可以有四种结构方案
(a)刚架;(b)拱;(c)桁架;(d)悬索

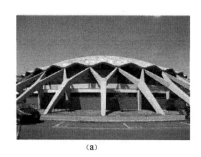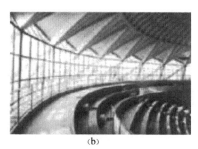

(a)　　　　　　　　　　　　(b)
图 4-2　罗马小体育宫的结构之美
(a)罗马小体育宫外观;(b)罗马小体育宫内部

　　因结构坚固程度直接影响建筑物的安全和使用寿命,涉及人类生命与财产安全,所以要求相当严格。而我们关注结构的时候不仅要关注它的科学可靠性,还要关注它的形式,以满足一定的审美要求。

4.2　墙体承重结构建筑

　　墙体承重结构建筑是以部分或全部建筑外墙以及若干固定不变的建筑内墙作为垂直支撑系统结构体系的建筑。根据墙体材料的不同分为两种情况:

　　1. 砌体墙承重

　　以块体和砂浆砌筑而成的墙体作为建筑物主要承重的受力构件。墙体材料如砖、石等的来源丰富,施工方便,符合"因地制宜、就地取材"的原则;造价低廉,施工简便;许多新型砌块其原料为工业废渣,既可变废为宝,保护了土地资源,同时又获得了许多优良的性能,对建筑平面的适应性强。但同时砌体的强度较低,使得构件体积大、用料多、自重大;砂浆和砌块的粘结强度弱,因此砌体的抗拉、抗剪强度较低,砌体结构的整体性能不良,抗震性能较差;施工砌筑速度慢,现场作业量大。

　　目前,砌体墙承重大量应用于低层和多层的民用建筑,特别是住宅、旅馆、学校、幼托、办公用房和一些小型商业用房、工业厂房、诊疗所等。根据墙体位置的不同,可分为纵墙承重体系、横墙承重体系、纵横墙混合承重体系,如图 4-3 所示。

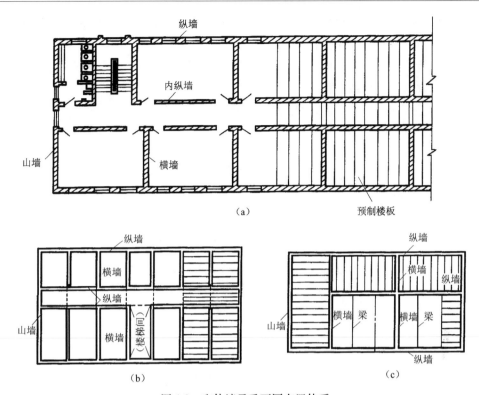

图 4-3　砌体墙承重不同布置体系

(a)纵横承重体系;(b)横墙承重体系;(c)纵横墙承重体系

(1)纵墙承重体系

纵墙是主要的承重墙,荷载的主要传递路线是:板→(梁)→纵墙→基础→地基。纵墙承重体系适用于使用上要求有较大空间或隔墙位置有可能变化的房屋,如教学楼、办公楼、图书馆、食堂、仓库和中小型工业厂房等。

(2)横墙承重体系

横墙是主要的承重墙,纵墙主要起围护、分隔和将横墙连成整体的作用。荷载的主要传递路线是:板→横墙→基础→地基。横墙承重体系由于横墙间距较小,适用于宿舍、住宅等居住建筑。

(3)纵横墙混合承重体系

由纵横墙混合承重体系来支撑竖向荷载。荷载的主要传递路线是:板→(梁)→纵墙和横墙→基础→地基。适用于空间大小变化较多的建筑,如诊疗所、幼儿园等。

2. 钢筋混凝土墙承重

钢筋混凝土墙承重即以钢筋混凝土材料墙体作为建筑物主要承重的受力构件,有预制装配和现浇的两种情况。

其中,预制装配式的建筑平面相对较为规整,往往以横墙承重居多,使用不够灵活,但能够适应一般的学校、宿舍、旅馆、住宅、办公等建筑的要求,如图 4-4 ~ 图 4-6 所示。

现浇的往往大量应用于高层建筑,特别是高层的办公楼、旅馆、病房、住宅等建筑中,如图 4-7所示。此时,由于竖向荷载在墙体内主要产生向下的压力,侧向力在墙体内产生水平剪力和弯矩。因这类墙体具有较大的承受侧向力(水平剪力)的能力,故被称为剪力墙。在地震区,侧向力主要是水平地震作用力,因此剪力墙有时又称抗震墙。

钢筋混凝土墙承重的适用范围较大,从十几层到三十几层的建筑都很常见,在四五十层及更高的建筑中也很适用。它常被用于高层住宅和高层旅馆建筑中,因为这类建筑物的隔墙位置较为固定,布置剪力墙不会影响各个房间的使用功能,而且在房间内没有柱、梁等外凸构件,既整齐美观,又便于室内家具布置。

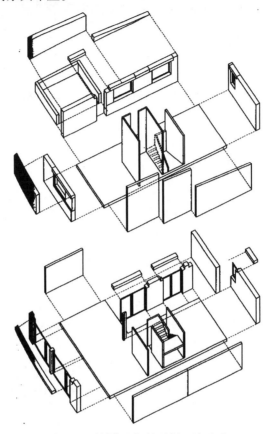

图 4-4　预制装配钢筋混凝土墙承重

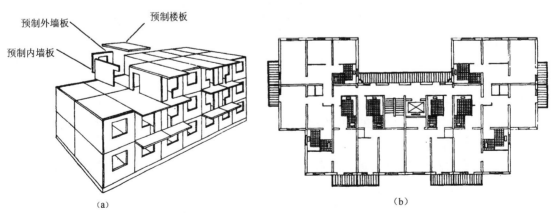

图 4-5　预制装配式钢筋混凝土墙承重体系住宅示意

(a)大型板材装配示意图;(b)北京大板住宅

图4-6 1967年蒙特利尔世界博览会展出的预制装配式盒子住宅

图4-7 现浇钢筋混凝土剪力墙体系的高层住宅楼

4.3 骨架结构体系建筑

骨架结构体系建筑对于墙体承重结构建筑来说,主要在于承重支撑系统在构思上用两根柱子(和一根横梁)来取代了一片承重墙。这样原来在墙承重结构支撑系统中被承重墙体占据的空间就尽可能地给释放了出来,使得建筑结构构件所占据的空间大大减少,而且在骨架结构承重系统中,无论是内、外墙均不承重,可以灵活布置和移动,因此较为适用于那些需要灵活分隔空间的建筑物,或是内部空旷的建筑物,而且建筑立面处理也较为灵活。根据不同的骨架特点主要分为以下几种情况:

217

1. 框架结构体系

框架结构是由梁、柱和基础以刚接相连而构成承重体系的结构,有时也将部分梁柱交接处的节点做成铰接或半铰接,如图4-8和图4-9所示。高层建筑采用框架结构体系时,框架梁应纵横向布置,形成双向抗侧力结构,使之具有较强的空间整体性,以承受任意方向的侧向力。

框架结构具有建筑平面布置灵活、造型活泼等优点,可以形成较大的使用空间,易于满足多功能的使用要求。但承重的柱网需要有上下对位关系,平面不宜转折过多;而对于框架结构建筑中的墙体,由于不用承重,只是起围护分隔的作用,故可以根据各个楼层的不同需要设置,无需上下对齐。

在结构受力性能方面,框架结构属于柔性结构,自振周期较长,地震反应较小,经过合理的结构设计,可以具有较好的延性性能。

框架结构的缺点是结构抗侧刚度较小,在地震作用下侧向位移较大,容易使填充墙产生裂缝,并引起建筑装修、玻璃幕墙等非结构构件的损坏。地震作用下的大变形还会在框架柱内引起 $p\text{-}\Delta$ 效应,严重时会引起整个结构的倒塌。同时,当建筑层数较多或荷载较大时,要求框架柱截面尺寸较大,既减少了建筑使用面积,又会给室内办公用具或家具的布置带来不便。

框架结构体系对于建筑布局的灵活性的意义主要还是体现在可以提供内部需要较多的大空间,如图4-10所示。一般适用于非地震区或层数较少的高层建筑。在抗震设防烈度较高的地区,其建筑高度应严格控制。

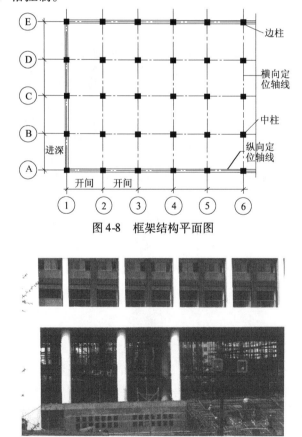

图 4-8　框架结构平面图

图 4-9　框架结构体系示意

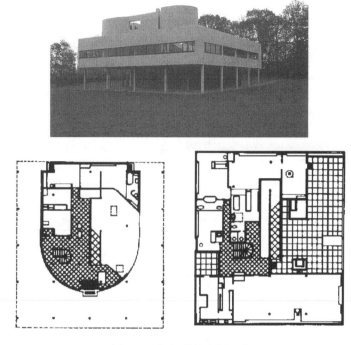

图 4-10　框架结构实例示意

2. 板柱体系

板柱体系即指楼板直接支撑在柱子上的承重结构体系。此时,楼面荷载直接通过楼板传递给,由柱子传至基础,与框架结构相比,而没有了梁的构件。板柱体系的优点是简化了传力途径,扩大了楼面的净空,并可直接获得平整的顶棚,采光、通风及卫生条件较好,节省施工时的模板用量。其缺点是楼板厚度较大,混凝土及钢筋用量较多。为了改善板的受力性能,一般应设柱帽。柱帽形式如图 4-11 和图 4-12 所示。柱帽的作用主要是扩大了板在柱上的支撑面积,避免板在柱边冲切破坏。

由于板柱体系板底平整,可降低层高,且内部空间分隔不受梁的影响,此时可获得良好的内部空间效果,如图 4-13 所示。主要适用于使用荷载合适的商场、图书馆、仓储、多层轻型厂房等。

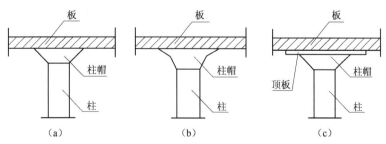

图 4-11　柱帽形式

(a)无须板柱帽;(b)折线状柱帽;(c)有顶板柱帽

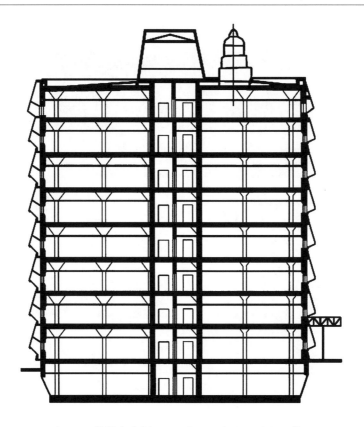

图 4-12　某档案馆剖面——加了柱帽的现浇板柱体系

图 4-13　呈伞状的板柱结构体系内部空间

3. 刚架、拱

刚架结构是把梁和柱连接成一个整体的结构。单层刚架又称门式刚架。多层多跨的刚架结构则常称为框架。由于刚架结构把梁和柱连接成一个整体,可以得到比一般梁跨度更大的空间。单层刚架的建筑造型轻松活泼,梁柱截面高度小,内部净空较大,结构形式也丰富多变,如图 4-14 所示。从建筑形体看,有平顶、坡顶、拱顶、单跨与多跨等。故被广泛应用于中小型厂房、体育馆、礼堂、食堂等中小跨度的建筑中,如图 4-15 和图 4-16 所示。但刚架仍然属于以受弯为主的结构,材料强度仍不能充分发挥作用,这就造成了刚架结构自重较大,用料较多,适用跨度受到限制。

　　拱是一种古老而又现代的结构形式。拱主要承受轴向压力作用,这对于混凝土、砖、石等工程材料是十分适宜的,特别是在没有钢材的年代,它可充分利用这些材料抗压强度高的特点,而避免了它们抗拉强度低的缺点。因而很早以前,拱这种结构形式在桥梁工程和房屋建筑中得到了广泛的应用。我国古代拱式结构的杰出例子是河北省赵县的赵州桥,跨度为 37m,建于一千三百多年前,为石拱桥结构,经受历次地震考验,至今仍保存完好。在房屋建筑中也有许多成功的实例,尤其是内部空间的成功,如图 4-17 和图 4-18 所示。

　　刚架和拱在结构上属于平面受力体系,可以通过改变排列方式或平面尺寸适应较活泼的建筑平面和体形;还可以结合空间结构,在其屋盖系统覆盖大空间,如图 4-19 ~ 图 4-22 所示。

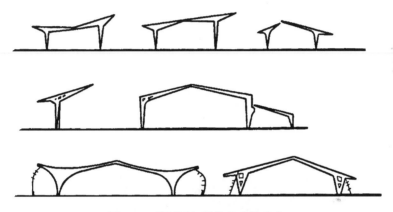

图 4-14　单层刚架结构的多样形式

图 4-15　钢制刚架结构的玻璃暖房

图 4-16　钢制刚架结构的飞机库

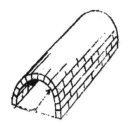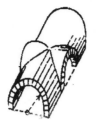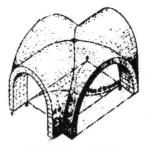

图 4-17 早期罗马人在建筑中使用的拱券

图 4-18 拱券结构的内部空间效果实例

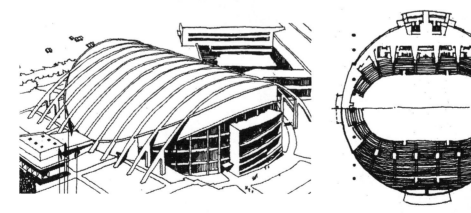

图 4-19 美国蒙哥马里体育馆用平行拱支撑屋面覆盖圆形平面

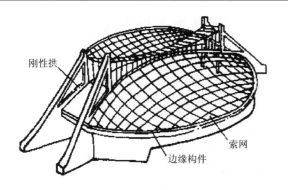

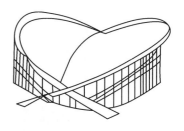

图 4-20　两片刚性拱支撑屋面索网及其边缘构件　　　　图 4-21　两片交叉拱作为索网边缘构件

图 4-22　拱在体育建筑及展示空间中的应用

4. 排架

排架结构是目前单层厂房结构的基本结构形式。即屋架(屋面梁)与柱子之间铰接的一种结构形式,如图 4-23 所示。排架结构传力明确,构造简单,施工亦较方便。根据生产工艺和使用要求不同,排架结构可做成单跨、多跨,等高、不等高和锯齿形等多种形式,如图 4-24 所示,后者通常用于单向采光的纺织厂。其跨度可超过 30m,高度可达 20~30m 或更高,吊车吨位可达 150t 甚至更大。

排架结构能够承受大型的起重设备运行时所产生的动荷载。也属于平面受力体系,所以柱子之间常见有交叉的支撑,以保证各方向的受力平衡。

图 4-23　某单层厂房排架结构实例

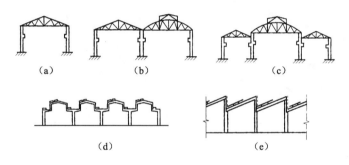

图 4-24　各种排架结构形式
(a)单跨;(b)两跨等高;(c)多跨不等高;(d)矩形多屋脊;(e)锯齿形多屋脊

4.4　墙体和骨架混合承重建筑

1. 内框架承重体系

内框架承重体系即墙和柱都是主要的承重支撑构件,如图 4-25 所示。内框架承重体系一般多用于多层工业车间、商店、旅馆等建筑。此外,某些建筑的底层,为取得较大的使用空间,往往也采用这种体系。如商店住宅楼,即底层是商店,上面是住宅。

2. 框剪结构体系

在框架结构中的部分跨间布置剪力墙,或把剪力墙结构中的部分剪力墙抽掉改成框架承重,即成为框架-剪力墙结构,图 4-26 所示为框架—剪力墙结构的布置方案示例。它既保留了框架结构建筑布置灵活、使用方便的优点,又具有剪力墙结构抗侧刚度大、抗震性能好的优点,同时还可充分发挥材料的强度作用,具有较好的技术经济指标,因而被广泛地应用于高层办公楼建筑和旅馆建筑中。

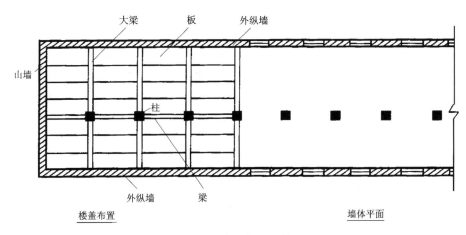

图 4-25 内框架承重体系

框架—剪力墙结构的适用范围很广。10~40 层的高层建筑均可采用这类结构体系。当建筑物较低时,仅布置少量的剪力墙即可满足结构的抗侧要求;而当建筑物较高时,则要有较多的剪力墙,并通过合理的布置使整个结构具有较大的抗侧刚度和较好的整体抗震性能。

框剪体系的建筑物,剪力墙的布置除满足结构方面的需要外,如能与建筑空间的布置相协调,更能发挥框架原有的灵活性。

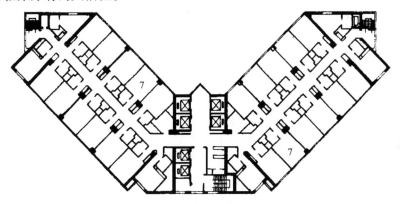

图 4-26 框架结构实例示意

3. 筒体结构体系

筒体结构体系主要有核心筒结构和框筒结构。

核心筒一般由布置在电梯间、楼梯间及设备管线井道四周的钢筋混凝土墙所组成。为底端固定、顶端自由、竖向放置的薄壁筒状结构,其水平截面为单孔或多孔的箱形截面,如图 4-27 所示。它既可以承受竖向荷载,又可承受任意方向上的侧向力作用,是一个空间受力结构。在高层建筑平面布置中,为充分利用建筑物四周作为景观和采光,电梯等服务性设施的用房常常位于房屋的中部,核心筒也因此而得名,因筒壁上仅开有少量洞口,故有时也称为"实腹筒"。

框筒是由布置在房屋四周的密集立柱与高跨比很大的窗间梁所组成的一个多孔筒体,如图 4-28 所示。从形式上看,犹如由四榀平面框架在房屋的四角组合而成,故称为框筒结构。因其立面上开有很多窗洞,故有时也称为"空腹筒"。

除此之外,筒体结构体系的形式还有筒中筒结构、框架—核心筒结构、束筒结构、多重筒结构等,如图 4-29 和图 4-30 所示。

有时也可在上述结构的基础上辅助地布置一些框架或剪力墙,与筒体结构整体共同工作,形成各种独特的结构方案。筒体结构抗侧刚度大,整体性好;建筑布置灵活,能够提供很大的、可以自由分隔的使用空间,特别适用于 30 层以上或 100m 以上的超高层办公楼建筑。筒体在垂直方向的适当变形,可以创造出丰富的建筑体形,如图 4-31 所示。

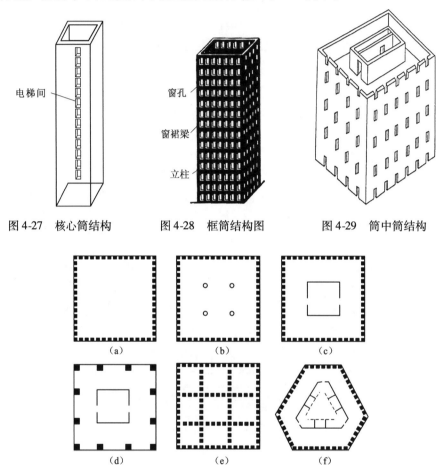

图 4-27　核心筒结构　　　图 4-28　框筒结构图　　　图 4-29　筒中筒结构

图 4-30　各种筒体结构形式平面示意

4.5　空间结构体系建筑

在大自然的启发下,人们还根据一些生物的合理结构发掘出了如壳体、悬索、折板、充气膜等多种结构形式。多种结构形式的出现为建筑空间的丰富多样性提供了必要的技术可能。

空间结构支撑系统:各向受力,可以较为充分地发挥材料的性能,因而结构自重小,是覆盖大型空间的理想结构形式。

1. 薄壳结构

薄壳结构属于薄壁空间结构,又称壳体结构。它的厚度比其他尺寸(如跨度)小得多,所以称为薄壁。它属于空间受力结构,主要承受曲面内的轴向压力,弯矩很小。它的受力比较合理,材料强度能得到充分利用。薄壳常用于大跨度的屋盖结构,如展览馆、俱乐部、飞机库等。此时,对建筑而言,结构本身就形成了建筑的"面",既是结构,更是造型。甚至许多薄壳结构的建筑成为建筑中的典范,如图4-32～图4-37所示。

薄壳机构又可分为曲面壳和折板两种。

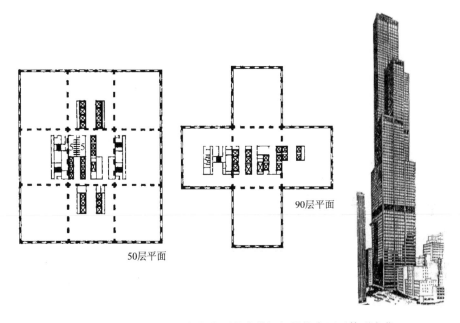

图4-31　美国芝加哥西尔斯大厦的束筒框架结构布置及体形变化

图4-32　紫金山天文台的曲面圆顶壳

图4-33　北京火车站大厅的双曲扁壳

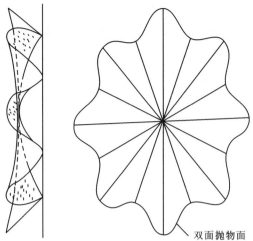

图 4-34　用八个双曲抛物面薄壳拼成了洛斯马纳提拉斯餐厅(墨西哥)

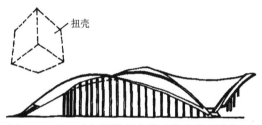

图 4-35　用三个相同的扭壳构成某疗养所的餐厅

图 4-36　折板水平铺设用做建筑物的屋面

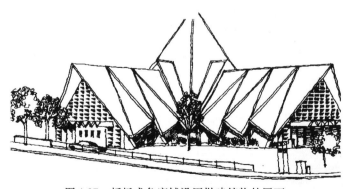

图 4-37　折板成角度铺设用做建筑物的屋面

2. 网架

由许多杆件按照受力的合理性有规律地排列组合而成,又称空间桁架,就是在空间中各个方向连续展开的桁架。如果说桁架是梁的一种变形,那网架就可以看成是厚板的变形。网架空间整体性好,可以分为平板网架和网壳两种。常用做体育馆、加油站、高速收费站、火车站、会展中心等的屋顶结构。

(1)平板网架

杆件正交、斜交后可以形成不同的平面形状,使用相当灵活。在需要时结构杆件可以暴露。具有自重轻,节省材料,安全性高,设计自由度大,节省空间,节点复杂的特点,如图4-38所示。

(2)网壳

网壳相当于格构化的薄壳,但由钢杆件组成的网壳一般比混凝土薄壳的自重要小得多,除了用作大空间的顶盖外,还可以与主体结构脱开,自成体系地作为围护结构而存在,如图4-39～图4-42所示。

图 4-38　网架实例

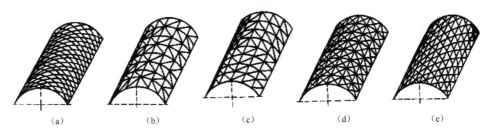

(a)　　　　　(b)　　　　　(c)　　　　　(d)　　　　　(e)

图 4-39　网壳中的筒网壳

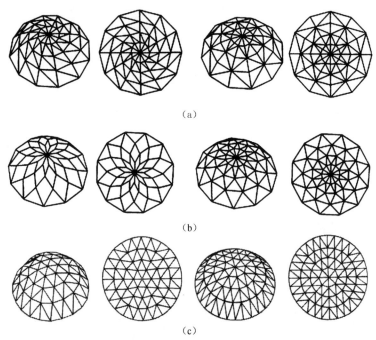

（a）

（b）

（c）

图 4-40　网壳中的球网壳

（a）施威特勒型网格；（b）联方型网格；（c）凯威特型网格

图 4-41　网壳实例——新加坡艺术中心

3. 悬索

用高强钢丝做拉索,加上高强的边缘构件以及下部的支撑构件,使结构自重极大地减小,而跨度大大增加。对于建筑而言,由于拉索显示出柔韧的状态,使得结构形式轻巧且具有动感。除稳定性相对较差外,是比较理想的大跨屋盖结构形式。常用作体育场馆、展厅等,如图 4-43 和图 4-44 所示。

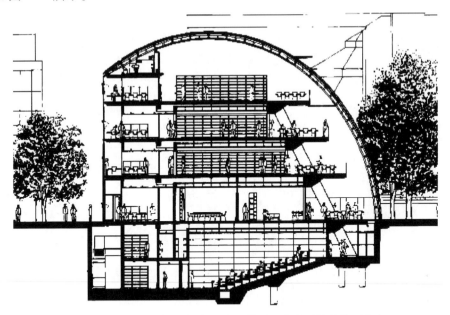

图 4-42　网壳与主体结构脱开,自成体系地作为围护结构而存在

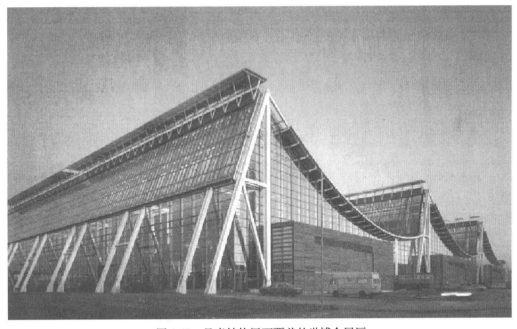

图 4-43　悬索结构屋面覆盖的世博会展厅

4. 膜

可以想象把索网结构的索细化加密,直到交织成一张薄膜。在本质上膜也是受拉构件。像薄壳一样,兼有承重和围护的双重功能。其张拉力来源于充气或者用桅杆、拱、拉索等构件

231

来将膜绷紧。由于这些构件灵活的布置形式以及膜本身轻柔的外表,在城市室外空间小品中也常应用,如图 4-45 ~ 图 4-51 所示。

图 4-44　某展示厅(意大利)

图 4-45　张拉膜结构的连廊外部实例

图 4-46　张拉膜结构的连廊内部实例

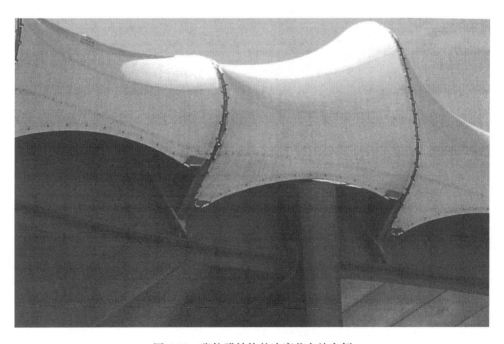

图 4-47　张拉膜结构的连廊节点处实例

图 4-48 张拉膜结构的造型小品空间实例

图 4-49 张拉膜结构的造型空间实例

图 4-50　某体育场由半透明的充气膜结构覆盖,可根据不同球队的比赛改变外观的颜色

 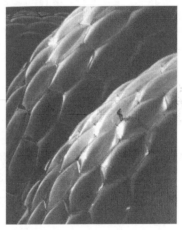

图 4-51　充气膜结构的植物园穹顶

5. 混合形式

混合形式即按照建筑设计的要求及材料、结构功能的合理性,以多种形式混合使用,如图 4-52 ~ 图 4-54 所示。

图 4-52　雷诺汽车中心—悬索与屋面钢梁混合使用

235

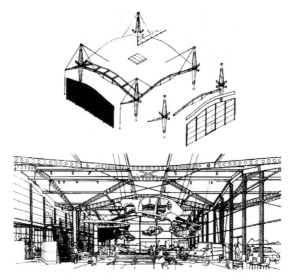

图 4-53　雷诺汽车中心—悬索与屋面钢梁混合使用

（a）

（b）

（c）　　　　　　　　　　　（d）

图 4-54　上海八万人体育馆—变截面柱、悬臂桁架及张拉膜的混合使用

（a）上海八万人体育馆鸟瞰；（b）变截面柱及悬臂桁架；（c）张拉膜结构顶盖；（d）结构形式总体示意

6. 索膜结构（索网结构 + 膜结构）

索膜结构是新兴的结构形式，网壳是一个推力网络，而索膜结构一般都是拉力网络的结构。索膜结构的雏形可以看做是悬索结构，不同的是索膜结构是一种空间里展开的拉力结构体系，如图 4-55 所示。

图 4-55　某体育看台的索膜结构实例

各种空间结构类型比起其他平面类型的结构形式来说，除了在发挥材料性能、增加覆盖面积、减轻结构自重方面的优势外，其形状的富于变化以及支座形式的灵活选用及灵活布置，对建筑空间以及建筑形态的构成无疑都有着积极的意义。

空间结构支撑系统不但适用于各种民用和工业建筑的单体，而且可以应用于建筑物的局部，特别是建筑物体形变化的关节点、各部分交接的连接处以及局部需要大空间的地方。这些部分要么是垂直承重构件的布置需兼顾被连接部分的结构特征，或者需要局部减少垂直构件的数量以得到较大的使用空间；要么是在建筑方面需要形成较为活跃的元素，希望能够在这个位置上有较为活泼的建筑体形，如图 4-56 所示。

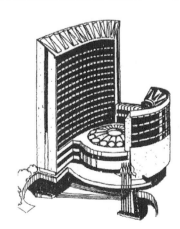

图 4-56　空间结构体系在建筑物"关节"点及顶层大空间上的应用

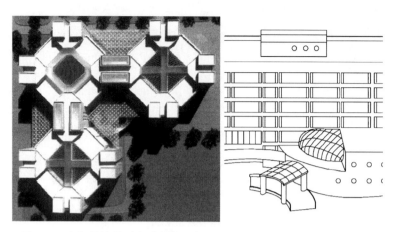

图 4-56　空间结构体系在建筑物"关节"点及顶层大空间上的应用(续)

任务实施

教师指定各组考察对象(如附近宿舍、教学楼、体育馆、技术馆等),学生以 4～6 人为一组对建筑结构考察参观、拍照并做成 PPT 汇报交流。

任务评价

评价等级	评价内容
优秀(90～100)	不需要他人指导,组员之间团结协作,能够正确按照任务描述按时完成任务;PPT 制作条理清晰、图文并茂、画面重点突出;汇报过程语言表达准确、流畅;并能指导他人完成任务
良好(80～89)	需要他人指导,组员之间团结协作,能够正确按照任务描述按时完成任务;PPT 制作条理清晰、图文并茂、画面重点突出;汇报过程语言表达准确、流畅
中等(70～79)	在他人指导下,组员之间团结协作,能够按照任务描述按时完成任务;PPT 制作图文并茂,画面重点突出,汇报过程语言表达流畅
及格(60～69)	在他人指导下,能够按照任务描述按时完成任务;PPT 制作图文并茂,汇报过程语言表达流畅

思考与练习

1. 建筑与结构的关系如何?
2. 影响建筑结构选型的因素有哪些?
3. 如何利用建筑结构美?

参 考 文 献

[1] 胡伟,贾宁. 建筑设计基础[M]. 南京:东南大学出版社,2005.

[2] 艾学明.公共建筑设计 [M]. 南京:东南大学出版社,2009.

[3] 孙鲁,甘佩兰. 建筑装饰制图与构造 [M]. 北京:高等教育出版社,2002.

[4] 张建华. 建筑设计基础[M]. 北京:中国电力出版社,2004.

[5] 张友全,吕从军.建筑力学与结构[M]. 北京:中国电力出版社,2008.

[6] 同济大学,西安建筑科技大学,东南大学,等. 房屋建筑学[M]. 北京:中国建筑工业出版社,2006.

[7] 张建荣. 建筑结构选型[M]. 北京:中国建筑工业出版社,2010.